茶席

曼荼罗

池宗宪 ⊙ 著

席载茶道,方寸坛城

目录

序　欢愉满足 尽在茶席 …………… 11

前言　曼荼罗——茶席美之源 …… 13

I章　茶曼荼罗·美的共感 ………… 15
茶席是一种什么味道 ………………… 17
茶器是终身伴侣 ……………………… 17
茶壶成为书法大师 …………………… 18
茶器增值的诱惑 ……………………… 18
没有秩序的秩序 ……………………… 19
布置善巧不善巧 ……………………… 20
茶席的精神娱乐性 …………………… 21
喝茶有什么"道" …………………… 22
"茶道"各走各"道" ……………… 22
如何演绎出"事实茶道" …………… 23
如何诠释茶器内涵 …………………… 25
如何欣赏茶器之美 …………………… 26
如何以茶席自娱娱人 ………………… 27

2章　茶席人文·深远况味 …… 29

茶杯里的清新野趣 …… 31
甘苦的闲适人生 …… 31
空泛的享乐主义 …… 32
枯索中的新味 …… 33
喝茶也要有创意 …… 35
茶隐的好日子 …… 35
视觉与心灵的调和 …… 37
进入他界娱乐性之境 …… 38
用直觉来摆设茶席 …… 39
茶与器是整体的概念 …… 40

3章　盛唐茶席·华丽典雅 …… 41

茶器的风格 …… 43
陆羽最喜欢用什么盏 …… 43
唐代品茗魅力何在 …… 44
茶器的搭配 …… 45
唐代喝什么茶 …… 46
像玉璧般珍贵的团茶 …… 47
先烤再磨的煮茶法 …… 50
击拂茶末的点茶法 …… 51
谁是唐代茶碗第一名 …… 52
"秘色瓷"的秘密 …… 53
金光闪闪的茶器 …… 54
神秘波斯的工法 …… 54
一套迷你版唐代茶器 …… 55
品茶的正点"匀称" …… 56
隽永是追求的偶像 …… 56

拥抱秀异的奢华 ······ 57

4章　宋代茶席·品不厌精 ······ 59
点茶流动生活的美学 ······ 61
斗茶的羞耻心 ······ 61
品茶忆故人 ······ 64
沉敛后的修炼 ······ 65
宋代茶席的爱现 ······ 65
古典美如何影响现代美 ······ 66
令人心动的游戏 ······ 67
视觉系的愉悦体验 ······ 68
好玩又实用的建盏 ······ 68
点茶主秀黑釉建盏 ······ 69
宋代点茶怎么点法 ······ 70
宋代吃茶法的七汤程序 ······ 70
对细节的要求 ······ 72
汤花展现的力与美 ······ 72
吃茶累积文化资本 ······ 73

5章　元代茶席·含蓄澎湃 ······ 75
点茶法的余晖 ······ 77
墓室壁画藏玄机 ······ 78
茶汤面可以画出诗句 ······ 79
元人"疯"分茶 ······ 82
狂恋茶的元代幸运儿 ······ 83
爱上常民散茶的俗饮 ······ 84
朝野上下爱品茶 ······ 85
揭开御茶园的千古之谜 ······ 86

马可·波罗看过的青花茶盏 ………… 86
釉色与汤色的绿光组曲 ………… 88
初入口的浅尝之美 ………… 89
端起元代品茗风华 ………… 89

6章 明代茶席·浪漫苏醒 ………… 91
透视炒青绿茶制法 ………… 93
炒出迷人的翡翠色 ………… 93
四大才子爱茶终不悔 ………… 94
绿茶带来怎样的感动 ………… 96
明代品茗标准严格 ………… 96
先放茶还是先放水 ………… 97
泡茶用壶变小了 ………… 98
茶器的解析度 ………… 100
疼惜用器的真情 ………… 100
从茶画看简洁的明代茗风 ………… 103
用哪种茶杯喝茶 ………… 103
幽人长日清谈 ………… 104
琴棋书画有茶伴 ………… 106

7章 清代茶席·经典豁达 ………… 107
皇帝爱茶引动名人效应 ………… 109
宫里都喝什么茶 ………… 110
超人气茶器——盖碗 ………… 111
南北喝茶大不同 ………… 112
壶上刻字最in ………… 114
任伯年名画上壶身 ………… 115
茶担子见证百年茶颜 ………… 117

功夫茶席真功夫 119
潮汕功夫茶怎么泡 119
潮汕功夫茶器怎么用 120
泡功夫茶朱泥壶最出名 122

8章 现代茶席·入境随俗 125
茶席设在哪儿最好 127
以天地为茶席 127
茶室境小而景幽 129
松竹茶席最合味 130
茶席上放花合适吗？ 131
走出户外泡茶去 132
任何场地都可以办茶席 133
茶席跟着时序走 135

9章 生活茶席·韵味故事 139
如何设定茶席的主题 141
泡什么茶搭配什么茶器 142
银器品出真滋味 142
茶席上有哪些禁忌 144
茶席中的重头戏——赏茶器 145
茶器搭配的容量原则 146
茶器身世成话题 147
品色品香有一套 148
好水是泡好茶的关键 148
什么是好水 149
水的七情六欲 151
茶水交融的因缘 152

自我实现　就在茶席 ·················· 153
无声胜有声的好滋味 ················ 154

10章　我的茶席·随心所欲 ········· 155
茶席如何构图 ······················ 157
挥洒山水画的意境 ·················· 157
留白与散点透视 ···················· 158
注水体会百川收纳 ·················· 159
"随类赋形"自在品茗 ··············· 161
淡中之味的浑化 ···················· 162
摆置因情境而变 ···················· 163
布置茶席有什么技巧 ················ 164
随心所欲的开始 ···················· 166

序

欢愉满足 尽在茶席

池宗宪

花都巴黎窄小巷弄，飘来阵阵红茶香，正是悠闲的下午茶时辰。

一场味觉的飨宴，是百年老茶行午后的盛典，这里是品饮茶的味觉乐园，人们在此追求愉悦的感受，人体机能的欢愉。

中国泉州开元寺旁的巷弄，飘来阵阵焙火茶香，正是居民三五相聚的品茶时刻，一场只为解渴而举行的茶会，同样是街头议论家常的场域，通过品茶参透街坊邻居的热情。这正和巴黎下午茶的社会场所相同。同样地，茶被人品尝着，没有人注意茶本身的角色、茶作为品饮之外应有的自身价值、以一种改变能量和创造新的能量而存在的价值。

茶，以古老饮料的身份，用不同表现手法制成，是人们心目中具有一定清醒作用的饮品。人们聚在一起品茗创造了仪轨，扩张品茗在社会与空间的范围，由皇宫贵族到平凡百姓，或隆重华丽，或简约潇洒，都得用心品，才知茶在无边，可唤来清醒。

茶，对人生活带来的变化影响的痕迹，在中国或西方的茶器中彰显。人们的嗅觉由壶中飘出来的香味感受到：茶自身的奥妙与外来的评价！懂得品茗是一种品位！从茶器的选用到摆放茶席，成就的是高雅情调。

茶香与茶器具有芬芳缥缈、令人陶醉的诗意。它们共同造就茶席的情景气氛。茶席正随着般若曼荼罗的境地带来满足感。

茶席·曼荼罗。借用密宗图像之一的"曼荼罗"（Mandala，意为圆轮具足），将茶、茶器聚集，意图使茶席达到一种美学境地。

《茶席·曼荼罗》走入唐、宋、元、明、清历代茶席风华，聚集每一时代品茗特质和茶器魅力，成为现代人习茶、布置茶席的美感地带，并在茶席贯穿的愉悦中，建构你我随心所欲的茶席。

前言

曼茶罗——茶席美之源

　　茶席的吸引力从何而生？明白茶席曼茶罗的基本图像就知晓：一次茶席想要表达的指涉程度为何？或在图像上、用器上创造华丽或优雅沉敛的风格，或用方便善巧单壶孤杯陈列俭朴的茶席，或以瑰丽满席的茶壶、杯、托……茶器加上花器的幻化，来满足艳丽的丰盛。取自茶器的审美趣味在哪儿获得？洞悉历代品茗风格和制茶之法，深入探索茶器形制釉色的结构，都将连动着茶人内化的底蕴，其实看似无形却有形，关联了整个茶席美感位置。

　　布置茶席，因茶人之品位、茶客之需要而异。茶席布置产生的图像就如显现审美趣味，煞是短暂的刹那，如何化成永恒的心灵注脚？

　　实践茶席曼茶罗，先得了解如依密宗所规定仪则，如《大日经》所绘胎藏界曼茶罗；然，茶席的仪则可为初入门者得到依寻，但，这非学习真意不可道，就如中国无茶道之名，却已历经唐、宋、元、明、清至今都已出现一套流传的"事实茶道"，直至二十世纪才以"茶艺"之名，约定出品茗时由置茶、注水、泡茶、奉茶的仪则，但却都难现茶席曼茶罗。

　　事实茶道，或以中国茶道、茶艺为名，但却又难和应用"曼茶罗"的观想、仪则等内容,类比在茶席的外相表现,并借此对照出内化的心灵境界所带来的精神愉悦。

以现存曼荼罗作品,系日本空海大师在唐贞元(785~805)年间在长安请李真绘的《金刚界大曼荼罗》(又称《九会曼荼罗》)为例,作为茶席布置的观想,会使你在茶席布置时产生何种灵感?

《金刚界大曼荼罗》以中央成身会为中心,上下左右各分成三等份,各为九会,是佛菩萨在阿迦尼吒夫宫与须弥顶集会场。总的组织是一个金刚界曼荼罗,而金刚界曼荼罗主要是成身会作为说明佛果形相的出发点。图像中以方与圆的表现,看似分离两分,却还是一个整体,分隔的会合。

茶席的布置比照《九会图》安排,那么你的茶席曼荼罗,又将如何布置出茶席的殊胜力量?

茶席曼荼罗在实际操作上是将茶器中的壶、杯、水方、茶巾等集中,创造出完备若坛城般的茶世界,其形式或圆或方,中央以壶为尊,四方的杯、托、盘各占一隅,是为中院,中院周围是为茶罐或渣方成为外院。以茶席曼荼罗立体形式表达,是谁来主持茶席曼荼罗?要按茶主人自身对茶器认知而行创作,而将心中完美茶席曼荼罗具足呈现。

茶席曼荼罗的因缘,通过精心安排,用轮圆具足的具体茶席来摄众至尽:茶席是现实的坛城,宛若掌握品茶之宜与不宜;茶席曼荼罗的场域由单席的创造仪轨,以致扩充事实茶道的归纳,才足以筑出各式各样的茶席曼荼罗。或在室内的清供雅集,或在户外与自然山川的结合……其实每一次茶席都可由内心随类赋形、挥洒自如的。

I章

[茶曼荼罗]
美的共感

杯

茶席是一种什么味道

将茶席看成是一种装置，是想传达摆设茶席的茶人的一种想法，一种漫游于自我思绪中，曾经思索所想表达的语汇，将茶席称为一种自我询问与对话的作业方式。茶席，象征着一种审美的合理性，让人感受到一种能量，而其中隐藏着可能突破的原动力。将一种古茶器视为人类味道鲜明的残留，这是一种冲击性的味道。当我在陕西法门寺遇见唐僖宗时代留下的唐代鎏金银茶器，看见唐代皇室品茗用器的华丽；当我在大英博物馆遇见宋代的青瓷茶盏，及其带来的单色釉的肃穆，心想：时代随着岁月流逝了，茶器的芬芳才正伴着茶席上扬着。

茶器是终身伴侣

茶席中的茶与器处于对称性的支配，如果现代人在生活中能对茶器倾心投入，那么茶席所给予人的亲切就不只是为了喝茶。以茶席的桌布来看，所用的颜色令人想起一种亲密的附和，用对颜色，会给茶席参与者带来不可思议的安定感。茶席上的茶器摆设看起来像是一种参道，凝聚精气神韵，壶不单是壶，它在茶席上闪亮光辉，其隐含的制作者的用心感染了茶人，而杯子的形制与材质，更强烈昭显茶器制作者渴望杯成形后，可以豁然地成为茶人终身伴侣，即使它只是品茗时短暂使用的强烈愿望。

茶席中的壶作为表现的主题，虽然从唐宋以来受其形制、使用功能的区隔，并给予了不同的命名："水注""汤提点"或是现代的"茶壶"。"名称"意象传达出历代品茗方式的变异，形制的改变也会随时间改变，却脱不了用壶将水与茶紧密配合，茶水经由杯传递色香味的关键角色。

茶席

茶壶成为书法大师

涤巾

将茶壶当作一位书法大师，提起茶壶注水时就会横生趣味，就像是把泡茶视如写书法，如何挥洒自如？如何让茶汤匀称？又如何让茶汤淡然有味？正如书法运墨巧思的浓淡与飞白。此中妙趣在杨万里（1127～1206，南宋诗人，字廷秀，号诚斋，吉州吉水〔今江西吉水县〕人）的诗中说："银瓶首下仍尻高，注汤作字势嫖姚。不须更师屋漏法，只问此瓶当响答。"他用银瓶注水如提气运笔写字，有时行云流水，有时气势如虹。

今日赏茶器的人已很难想象唐代陆羽（733～804，字鸿渐；一名疾，字季疵，号竟陵子、桑苎翁、东冈子，又号"茶山御史"，唐复州竟陵郡〔今湖北省天门市〕人）在《茶经·四之器》详列了二十四种煮茶与饮茶的用具，每种茶器的制作规格与使用方法都有一定的规制。唐时茶器的精心设计，有令人激赏的、无穷的文化魅力与意涵，解密繁复茶器品茗的顺序，探访千年前唐人煮茶烹茗的好时光，再由茶器追寻古陶瓷与窑火共生的美好经验，那是今人学习鉴别赏美的况味啊！

茶器增值的诱惑

今人收藏茶器大多停留在一种增值性的思维当中。名家壶的出现，让许多人做着以壶器当作赏玩、收藏且增值的春秋大梦，硬将收藏赏玩沦为一种流

茶壶

通经济的货品,买壶不知惜之用之,茶器即失去原来的气韵生动。

茶席上选用的器具有颜色、温度、质感与深度,蕴含着茶人的一种精神。茶席、茶器代表茶人,若茶人选用的器表是亮光的釉面,或是选择自然灰釉质朴的器表,茶人内在深邃的光泽是一种异质的存在,象征着茶人不同的心境与对茶的诠释,在每次摆设茶席时,彰显引领与宾客对话和强烈诱惑宾客的心。

精心布置的茶席所散耀出来的光是热情的,更见茶席精彩搭建光的空间。有趣的是,若茶席摆设不得宜又可将它解体,让茶席再次回到原点,等待着将茶器组合成另一种不同的境界。

没有秩序的秩序

从历史性的品茗风格中去看,茶器的使用孕育出茶席整体朝代的风格。因此,细细品味每一时代喝茶的每个细节,让茶人进入时间、空间的思考,那么举器布席时蓦然回首岁月中,茶、器互为倾倒的缠绵细语,绵密交织出来茶席的景象,影响茶人摆设茶器,使用的杯器与壶器做连动,好组合的当下使用哪一种茶的延伸思路,是一款踏实存在已经超越了想象的空间。这正是在历代品茗基础上的一种排列组合与延伸,一种没有秩序的秩序。

茶席的摆设有时从部分出发,例如从壶开始;有时从整体开始,例如跟环境结合,看起来是矛盾的逻辑,却是摆设茶席的趣味所在。我认为透过茶席美学的界面,可延展到对现实生活美感的追求。因此,学习茶席摆设,成为体现

金刚曼荼罗

茶艺的生活美学，这也是将茶艺的情调、艺术的趣味，糅进审美的观照来体验外相表现，并对照出内心情境的交融，这正是本书《茶席·曼荼罗》所提出的核心价值。

引用曼荼罗是希望借助一种显示真理的图绘，透过一种无限大宇宙与内在小宇宙相击的微妙空间，找到一种洗涤身心的力量。正如茶席秉存深层宝藏，正期待茶人茶器喜相逢！

布置善巧不善巧

茶席与曼荼罗有什么关系？

明朝太极易象字师来知德先生一句话道出曼荼罗真相，我引为说明茶席与曼荼罗的关系。

"我有一丸，黑白相和，虽是两分，还是一个。大之莫载，小之莫破，无始无终，无右无左。"

将前八字加注为"我有一席，茶器相和，虽是两分，还是一个"，正道出茶席类比曼荼罗的精妙。曼荼罗蕴含佛教浑元宇宙观，是一种幻想的宗教宇宙图，是僧侣心灵中的海市蜃楼。仿若茶席的外在形式，装饰是浑元多样的，

渣方

却是茶人对摆置善巧与不善巧的考验,茶席设计表现摆置,就成为具足叙述能力的美感地带。

信仰者将曼荼罗的意象作为观想的对象,以藏密修习其教义,像三密为用,四曼为相,五佛为智,六大为体,都环抱在曼荼罗图案中而浑然一体。茶人则将茶席的美感地带,视为茶人自我静观的写照,从选用茶器时考量形制、釉色到烧结细节,必须心领神会后才选用为茶器,再经由茶席建构出浑然进入一场茶席场域的妙境。

茶席的精神娱乐性

茶席贯穿茶、人、茶器三者,他们各具精神,聚集产生释意,这也如同曼荼罗背后真正意思之所在:圆轮,精粹,密集。如此才可能撷取生命智慧的证悟,这将如同茶人透过自己,将茶客和品茗环境的普通形象,通过观想引升茶席涵养的超凡视觉感、引发震撼冲击力,进而主导茶席带来的"精神的娱乐性"。

"精神的娱乐性"正说明茶席独具魅力,"精神的娱乐性"是茶道的最佳诠释,敬仰茶道的真髓在此。经由茶席可悟出茶道几分道理。华人地区茶的风行,引燃世界中国茶热的盛世中,而"茶道"两字之意并未沾上光,这也道出中国事实茶道的散漫,归纳自唐、宋、元、明、清至今的茶品饮或茶器挥洒,茶席曼荼罗会给茶道带来何种光景?

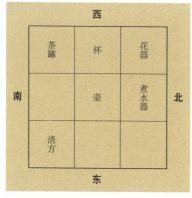

茶席曼荼罗位置练习图

金刚界九会曼荼罗位置图

喝茶有什么"道"

"茶道"由中国提出,中国古籍的记述有:唐皎然(760~840,唐代诗僧。生卒年不详。俗姓谢,字清昼,吴兴〔浙江湖州市古称〕人)《饮茶歌诮崔石使君》诗:"熟知茶道全尔真,唯有丹丘得如此。"

另,封演(蓨人。唐天宝中为太学生,大历中官邢州刺史,贞元中历检校尚书吏部郎中兼御史中丞)所写《封氏闻见记》中提及:"陆羽《茶经》面世以后,后常伯熊等广润色之,于是茶道大行。"

茶勺

"茶道"的名称唐代就出现了,然而今日触及中国茶道时,却又难归结一套仪轨来表述茶道真髓,以区隔于世人所言的日本茶道。事实上,唐朝后的品茗天地,茶道却是在在被触及,但在中国为何无法依茶道之名而行茶道之实?

"茶道"各走各"道"

明、清茶书与笔记中出现的"茶道"用语记录说:陈继儒(1558 1639,字仲醇,号眉公,又号麋公,明代松江华亭人)《小窗幽记》说:"采茶欲精,藏茶欲燥,烹茶欲洁。"张源(明人,生卒年不详,字伯渊,号樵海山人,包山〔即洞庭西山,在今江苏震泽县〕人)《茶录》记录:"造时精,藏时燥,泡时洁。"

同样的"茶道"在不同时代背景下有着不同的叙事与情境,这也是茶道的多元演绎,蕴藏多重深层的释意。

唐代皎然所言"茶道",似指饮茶的幽趣和奥妙。封演所指的茶道,主要形容饮茶或讲究饮茶的风气。明清"茶道"一词,系有关采茶、藏茶、烹茶,由生产、品味到收藏一贯全程的精妙，诗人用极为精简的诗句点活从采摘到品用的要诀。简言之，此为茶事三诀。不但与唐代的"茶道"内容不同，更与日本、中国茶道，名同而实异。中国茶史学者朱自振先生直指，中国提出茶道之名实际是"有道无学"，只存在事实的茶道，却未形成固定的记载与理论学说。

冈仓天心（1863~1913，日本美术教育家，横滨人）十八世纪就在日本倡导"茶道"，作为国民生活美学的载体，并使茶道成为国粹，订出的仪式、仪轨绵延传承，已使茶活动成为人民身心调剂良方，造就传承社会认同的"茶道就是美学"。

如何演绎出"事实茶道"

反观，中国"事实茶道"的散落，正需要通过发掘整理，来体现出一种程式化和具有隽永意义的品茗形式和技艺。"茶席·曼荼罗"意旨要归纳中国茶道的程式，将茶器经由茶人整合的编导，演绎出"事实茶道"的可操作性。借由"茶席·曼荼罗"呈现有系统、固定形式的表现；"茶席·曼荼罗"具足了密续精神的智慧，提供茶人心境中，由茶席入门构建的事实——茶道之路。

入主茶席的过程必经次第，按其对茶席的基础开始，首先必知茶席本身存在二元的对立与相容，筑基曼荼罗的图像将形成对茶席优劣观察的场域。

茶盘（船）

茶罐

有茶主人的个人意念,还必须靠茶主人的理性与创造力,加上对茶席表现的热情和怀抱梦想,才能在方寸之间掌握人与器的"对话"。

茶席成之在人,相辅相成则是茶器,后人从中国历代茶器的宝库中,觅得潜藏其间的元素,作为奠基茶席的基础。

中国存在事实的茶道,自唐、宋、元、明、清以降,更迭出历代丰姿绰约的品茗方式,应运品茗所牵引出窑口万千茶器,尽散历史之间。经由系统配合转器于空,应用不同时代茶器的美学经验,将考验茶人运作"茶席·曼荼罗"的能力。

茶席造型或布局耐人寻味:或以一壶一盏体味平淡而山高水深文化的况味,或壶杯相映同赏其色,又可玩其形制。心灵呼应茶器才能品出茶器的滋味,不无他处就是茶人自己。唐白居易(772~846,唐代诗人,字乐天,号香山居士,其先祖太原〔今属山西〕人,后迁居下邽〔今陕西渭南县附近〕)《谢李六郎中寄新蜀茶》:"不寄他人先寄我,应缘我是别茶人"的自况痴茶,正是茶人以茶席的体现妙境所在!

如何诠释茶器内涵

茶器本身没有表现功能,须由茶人通过茶席的设计和演绎,才能将茶器隐逸的文化符号清楚地表达出来。欧阳修(1007～1072,北宋文学家、史学家。字永叔,号醉翁、六一居士,吉州吉水〔今属江西吉水县〕人)在《答杜相公惠诗》中说:"茶具偏于野客宜",梅尧臣(1002～1060,北宋诗人,字圣俞,安徽宣城人)的《依韵和吴正仲闻重梅已开见招》说"愿携茶具作清饮",都是当时茶人与茶器对话的写照,同时也是对内心"茶可清心"的自述。

郑谷与许浑(唐代诗人,生卒年不详,字用晦,润州丹阳〔今江苏〕人,唐文宗时进士)分别对越窑青瓷有精彩记录:郑谷《送吏部曹郎中免官南归》说"箧重藏吴画,茶新换越瓯"。他懂茶用器点明得新茶用不同茶瓯,指明要越窑青瓷。许浑将品用的经验写下"越瓯秋水澄"来形容文人品茗心境,品茶要好,得要配对茶器。当时陆龟蒙(生卒年不详,唐代文学家,字鲁望,苏州吴县〔今属江苏〕人,曾为湖州、苏州从事幕僚)说:"九秋风露越窑开,夺得千峰翠色来。"此一千古佳句已成为品茶用器经典绝配,越窑青瓷夺得自然景色的品茗滋味,叫人如何不觉春天气息俨然在一碗茶盏中散发呢?茶器与茶当不止于抒发情感,在实体使用上更会靠茶人来画上等号。

茶托

如何欣赏茶器之美

茶人在茶席陈设上的大突破，或挑选精美古器，或选用名人茶器，都会给茶席加分。然而，这些茶器美在哪里？不能用价格衡量，更不能以名气定论，必须与茶器的外形、制作理念联结，并与用茶茶种、茶席设置地点呼应共鸣。

举例来说，轻发酵的茶，茶汤清明，若品茗杯里用非白色的釉，就难以表现茶汤的透明度。这是小细节，却是攸关茶席的大学问。茶席的小地方可以窥探茶人在文化方面的素养与用心。

诗人用茶器"表现"自己品茗的独到之处！由诗句体验了当时品茗茶席借景重茶器的摆置。诗说"杉松近晚移茶灶"的境地，其实是借"移茶灶"来诉说心中追寻的隐喻生活；这是茶席带来的心灵慰藉，想享如此滋味得亲身体验，若是

茶曼茶罗　美的共感

茶人难卧浣清泉,也就难以体味唐代黄滔(生卒年不详,晚唐作家,字文江,泉州莆田人,唐昭宗时进士)所说"句成苔石茗"的清雅与静心,更无法如唐代梁藻《南山池》所说"拟摘新茶靠石煎",体会采新茶煎煮的鲜绿滋味。梅尧臣所说"煮茗石泉上"的意境,好似茶水与潺潺水流的奏鸣曲,今人难得消受。面对煮茗,空调房里如何"昼情茶味新"?倒是现代品茗置身山水之乐的追寻比较切题。

如何以茶席自娱娱人

茶席的丰富多彩,超越了饮茶与喝茶的层次,而非只是外在的形式与拥有者。

那么茶人通过学习茶席的摆置、对茶器的认知,先从自娱自足,到"有我之境而实无也",才可避免成为假之为做妄生偏执,落于为器所用的窘境,才能具足博鉴精识品茶的雅,这正是茶席曼荼罗带来的醍醐!更要回归到茶席的仪式、清规、仪轨的制定与执行。

将曼荼罗的意义引用于茶席的诠释,以茶席摆设撷取茶席与茶的生命力,让现代人从对茶器的赏析中体悟器表的美感。以曼荼罗的概念引动许多玄机,贯穿于曼荼罗茶席中……

茶席的精神娱乐性

茶席的场域，究竟与曼荼罗的幻想的宗教宇宙间有什么关系？又是如何在茶席摆置图案中透露的茶人行为意图？

环绕茶席的两大元素：茶人与茶器。茶人对摆置善巧与否，也显出其审美趣味妙与不妙。茶器的形制、烧结、釉色，是客观存在的事实，茶人对于茶器的用与造，要知如何玩而赏，才能经由茶席建构涵养出一股对茶之情，才能从审美之路进入茶之婆娑妙境。

2章

[茶席人文]

深远况味

茶人布置茶席，融合茶器，舞出茶趣。引动品饮人的五感，从视觉到味觉，由触觉到听觉，以至交融一体的感觉。茶席描绘对美感的追求，更让人获得了『他界娱乐性』的精神满足！『他界娱乐性』来自心灵超脱物欲的满足，正是茶席深度打动了人的精神欢愉。

茶杯里的清新野趣

茶席，寄托了人们对茶的梦幻。通过茶席的隽永、沉敛，才能体味诗人遇茶时的幽静，才知晓通过品茗超脱现实，洗涤世间烦恼，优游他界跨越有框限的世界，通过茶的精神况味翱翔于自由自在的境界。此时此刻正应和了茶的悠然本性，茶人合一的天性。

茶原是生长在深山幽谷的佳木灵草，茶具有野、幽的自然本性。饮茶爱茶，自然对幽野的生活有了一种崇尚。陆龟蒙："天赋识灵草，自然钟野姿。"刘禹锡（772～842，唐朝诗人，字梦得，洛阳〔今河南省洛阳市〕人，一作彭城〔今江苏省徐州市〕人。自言系出中山〔治所在今河北省定州〕）："欲知花乳清冷味，须是眠云跂石人。"欧阳修："药苗本是山家味，茶具偏于野客宜。"

这些诗词都在说明：能够手捧一杯清茶，就可以沐浴在深林里享受幽雅的情趣，就可以在茶滋味中悠然见野趣。然而人总是只见茶是饮料，生津止渴，止渴茶总是为品饮者带来休闲舒适。

甘苦的闲适人生

参与茶席的雅趣，就是享有闲适的人生。从茶汤的苦味里，意识到人生是苦的，但我们必须在苦中寻乐，适应苦，安于苦，在生活观念上做相应调适，那么苦味的茶就成了生活精神的象征：孤寂之苦，见生机之甘。繁忙的人仍有品饮的机会，就是忙里偷闲，并从品饮的活动里，体味茶的生机与甘甜。

"忙里偷闲，苦中作乐"所指的是享有一点美与和谐，在刹那间体会永恒。

如何才能从品饮里得到甘甜？首先要"心闲无虑、方寸空虚"，生活自然才

茶滋味悠然野趣（左页）
心闲心适得茶甘苦（右）

有充裕的悠闲：形委有事牵，心与无事期；外有适意物，中无系心事。

只有心闲才能心适，并能无往不适。若人心闲适了，才能察觉生活中的小细节是富有逸趣的，才能获得精神上的满足：或吟诗一章，或饮茶一瓯；身心一无系，浩浩如虚舟；食罢一觉睡，起来两瓯茶。

诗人的意境告诉我们：在生活中能否发现细微的乐趣，饮茶在生活中是一种细小而微不足道的事，能在饮茶中发现雅趣，那么精神的愉悦也就可想而知了。

空泛的享乐主义

闲适不同于享乐，品茶活动是一种闲适的人生，而不是享乐主义的人生。如同摆设茶席，茶人对茶器必备文化认知，才不至沦为追寻空泛的享乐。

闲适人生，就是要活得轻松自在，这也像是茶的体态，用嫩叶制成，轻小，而无负担，所以可以轻松，减轻压力。正如白居易所说："勿言不深广，但取幽人适。"

在轻轻松松的茶席空间，体现闲适的生活况味，这也是要在世俗的日常生活表象外，创造富有诗意与哲意的人生境界，通过品茶，寄寓自己对人生的认识与态度。

闲适的人生，是一种由苦转乐的人生，如同茶的滋味，入口是苦的，细细品味就可以感受它转甘的豁达。

在茶的苦味中，去创造一种新鲜有意味的生活，就

如同诗人所说的:"佳水名茶……此贫之至适也。"换言之,当你喝了一口好茶,喝到的不只是茶的滋味,而是一种隽永的情调。然,茶苦是本质,而苦绝不留口,苦能转甘,才是豁然开朗。

枯索中的新味

"忘情"在茶席中放空

文徵明(1470~1559,明代画家,初名壁,字徵明,更字徵仲,号衡山居士、停云生,长洲〔今江苏苏州〕人)所说:"午眠新觉书无味,闲倚栏杆吃苦茶。"这就是一种在枯索中,用茶找到新味。他在书堆里浸淫,偶发吃苦茶却能翻转心境而得好味。

茶是精致的、清明的,透过茶器和茶叶本身,更能创造清明净洁的人生形象。

通过茶器的清洁爽净,是一种励志清白的外在形象。透过茶的性洁不可污,来表现品茗的洁净及内在底蕴。

品茗,就是适合"精行"之人。所谓"精行"就是要求生活精致,而且要修谨,摆设茶席要细致认真,有条不紊地完成,如是品味茶席,就是创造精致的人生形象。

茶的人生,是一种轻小玲珑的,通过砥砺擦净,使人生显得光润宁静,这如同品茶的韵骨一般,从一杯茶去磨洗人生,就如禅宗里的一句:"身是菩提树,心如明静台;时时勤拂拭,莫使惹尘埃。"

喝茶也要有创意

茶有君子性,就是说骨清肉腻和且正,品饮茶的纯净,能使人的俗骨变得雅趣。现代人受了俗事侵蚀污染,要有清明的心骨,必须拂拭,通过茶席中的品茶可以磨洗,带来清明正性的功能。

茶的人生,是一种"潦水尽而寒潭清"的明净,用现在的科学角度来看,茶性温寒,还能消火气,让人清正明志。

用饮茶进行降温,使人从此归于明净与宁静,这正是"齿寒意冷复三咽,万事无言归坎止"。

品茗可以解渴,可宁静致远,创造闲适的人生。

品茶,是一种潇洒的人生意味的表象,更可以表现无愠无喜,随缘任化,自然练达。苏洵说:"焚香消昼永,听琴煮茗送残春。"茶的活动加入了音乐与焚香,使得品茗更富趣味。古人煮茗送残春,不知时已过,是品茗的一种忘情。

茶隐的好日子

忘情,就是人遇到压力时的一种"放空",放空非空。以茶席为例,看似布置得繁复却能借此放空放大。

茶席带来幽野雅趣,更创造了茶的隐逸生活形态。隐逸又按个人条件有所区别。白居易《中隐》诗云:"大隐住朝市,小隐入丘樊,中隐留司官。"他主张在穷通之间,置身吉且安的中隐生活。诗人的茶的隐逸性可能贴近现实生活,是一款爱自己品位的

茶席的感染力

小隐,这款小隐隐逸可和外界区隔;由小隐到中隐又有不同了。中隐之意即虽在官位却又兼而懂得享受隐的闲适。

冯时可写《茶录》说:"鸿渐伎俩磊块,著是《茶经》盖以逃名也,示人以处其小,无志于大也……"袁宏道(1568~1610,明代文学家,字中郎,湖北省荆州市公安县人)写《瓶史》中将陆羽以茶为"寄其磊块傀逸之气者也"。陆羽写《茶经》,后人以他对茶的细致且能发以文字,令茶发散傀逸之气而感人。事实上,陆羽内心世界和生活观的呈现,正是俊逸的气魄。他告诉后人生活进入了茶隐的思考,不再波动,而是学习寄隐山林生活的态度。茶隐并非消极,反而是积极的,邀客共品要能出类拔萃!

诗人陆龟蒙就懂得以茶过好日子。他在顾渚有自己的茶园,常取好泉饮茶,他将茶席设在舟上,十分有创意。《唐才子传》记载陆龟蒙的茶隐日子:"每寒暑得中,无事体时,放扁舟、挂篷席、赍束书、茶灶、笔床、钓具,鼓棹鸣榔,太湖三万六千顷,水天一色,直入空明。"

陆龟蒙这种将茶灶、笔床、书卷携带相随,成为与湖水天空相结的茶席情境,这种创意茶席成为后人仿效的对象。蔡襄写"紫绶金章被宠荣,笔床茶灶伴参苓。只知江海能行道,未识朝廷旧有名",杨万里《压波堂赋》有"先生欣然曰:吾又将载吾堂于扁舟,对越江妃之贝阙,我芰我裳,我葛我巾,笔床茶灶,瓦盆藤尊……而先生飘然若秋空之孤云矣",都是将茶席设在户外,这是行动茶席的创意。黄庭坚(1045~1105,北宋诗人,字鲁直,自号山谷道人,晚号涪翁,洪州分宁〔今江西修水〕人)在《双井茶送子瞻》中说"为君唤起黄州梦,独载扁舟向五湖",则道尽品茗时扬起的心志,由消极转向积极的正向思维。

杯器细致观物体悟(上)
茶席深远况味(右)
形象体悟茶滋味(右页)

视觉与心灵的调和

茶的美是一种淡泊之美,也是茶的精神所在,与今人淡泊志趣互为表里。品茗自觉地追求淡美享受,有美化生活的作用。可以习"静",禅家品茗来学禅,以习静学习一种近乎虚幻的精神境界,必先由"定"入静。致静带来的太和之气是一种精神修行。品茗的茶席可以使人守静、养静,那么学茶席布置就可学出定出静,宁静养静。这种能在"静品"中观万物,正是诗人眼中的"非至静无求,虚中不留,乌能察物之情如此其详哉"的境地。

茶席是茶道艺术的外在表现形式,通过茶席营造,产生对美感事物的崇拜。一件茶器用心体悟可察觉其宏伟之处,茶器温润的釉色让人求得视觉与心境的调和(harmony)。

茶席必须亲手操作,才能呈现最高品质和风格,没有一套完整操作流程可以教人将茶席布置得十全十美,这就如同伟大的艺术品不能被约制规范一样。

准备茶席的工作每次不可能完全相同,但每次都是独一无二的。真正好的茶

席必然永远保存在美学之中。茶在不同时代制作的方法不同，品茗即形成各自风格，其间暗藏不同时代品茗风格的理念与解释。因此对茶席的认知不单是短暂的一次性演出；相对而言，茶席正刻画出独自风格，叫人久久不能自已。

独自风格的创见，不可言说，不受限的。以茶的隐逸必发自内心，而在茶席布置中既无标准化，又凭什么让人进入精神娱乐的境地？那么懂得运用生命中的直觉思维，就可帮助调和茶席的不稳定性，同时训练一套有效益哲思的思维，经由抽象理解之间，领悟茶可道非常道。

进入他界娱乐性之境

直觉思维，便是理解和把握茶席"他界娱乐性"的思维方式。直觉思维模糊性中用心创立独特的认识论，才足以体认布置茶席之"道"的不可言说，才不致将布置茶席陷于局限性，最后只求得摆设的有限和对立的关系。茶席局限了，摆放有了对立关系，就很难表达无限的"道"，更无法体认布置茶席形式有着无限的整体！

茶人可以抛弃茶抽象的娱乐性，用茶席的形象化加上具体的茶、茶器，赋予复合的生命，茶席感染力、影响力就会随着茶席传送出来。茶席只是一次性的演出，但潜藏于茶席"只可意会，不可言传"的意义会扩大！

老子论述中的"道生一，一生二，二生三，三生万物"的模式，不正是揭示了一茶碗、一茶盏、一水注或一把壶存在的合理性？同时将一把壶看成柔弱又刚强，那么茶人就可进一步在柔弱、刚强对立中找到

品茗可以习静

相对的意义。道生万物，由此衍生出来的茶席就会更有"道"理了。那么如何理解茶席之道呢？

直觉思维是理解茶席的最佳思维方式。只有对茶和器的直觉才能理解：茶席曼荼罗其实是经由茶席布置，聚集茶、器、人三位于一体，茶席布置在桌面上看起来很容易，却不能忘记同时要掌握茶、器、人的本质属性。

以宋代吃茶法来说明什么是"本质属性"：以点茶注水茶盏，茶汤便可饮之。直觉认识背后有着更深层意义，有了更清楚的认识，才能致守静笃，涤除玄览，体认茶席可绝圣去知的妙境。

用直觉来摆设茶席

茶席妙境多，应严肃学习，由直觉认识中启动下列三个特点：直观性，形象性，整体性。

直观性，是非逻辑的认识方法。所谓"观"就是以物观物，所谓"类"，即以类度类，带有明显的现象化比赋色彩。所谓直观类推，是根据事物间某些模糊相似之处进行推理的方法。茶席出现的物是茶器，那么就是直观茶器的心得。

从观看历代茶器的实体，哪些具有比赋色彩？宋代注水的水注，壶嘴要细长，好让注水奔泻入盏，今人用的水壶嘴短，较难如注，必须提壶拉高注水的高度。如是直观类推在相似之处进行推理，有益操作实务，以求得泡出好滋味。

形象性，即让人在形象中体悟。这种形象体悟，以物象间的形象比较为手

直觉思维茶道可道

段，现象的全部特征和属性就可以在形象化的描述中体悟出来。在细微中观宏大，在具体事物的描述中见真理。以茶杯为例：用柱形杯和盘口杯来闻茶香，前者聚香广浓于后者，杯的釉药也是影响茶杯挂香的元素。

单看形象懂得由细微中看门道。茶人体悟到"形制""釉药"的本质，懂得寓理于形象的意思，才能参透茶器形象，原来香味、滋味的细致互为表里。

茶与器是整体的概念

点茶之"点"是镇静、休息的意思，有点茶、点心之意境。点茶是以竹筅击拂出茶汤汤花，点心是以食物来点空腹，断除一切烦恼妄想，显出自己的本心、本性，到达本来清静无垢的境界，就是"自观心法，如是行茶道"。

直观茶器，用茶器的形象来体认茶器的妙境，必得加入茶器和茶，以及周遭环境的因素，才得观照出茶席整体性与完备性。

直觉思维，对茶有了兴趣，想要翱翔茶与茶器之浩瀚世界，就得先认识茶与器的真实性，用客观进行类推，比较出好与坏。那么除了汲取各方资讯或学习茶艺之外，用明涤的心，不假耳目，不待名言，以心观照，用心泡茶，用心品茶，才是最直接领悟茶席布置的方式。

茶席中的"茶"或"器"本身，具有不可穷尽的无限性，是一个绝对不可分割的整体，看起来壶、杯、盏、水注……各自独立，却可在茶席之间，整体把握如何通过简化为手段的综合，再由综合分类萃取，好让茶器个体中的层次显现。这就是说，清楚了单一茶器的把握，更要整体整合用器，必须拿捏恰到好处。如同泡茶时，壶的大小和茶叶条索状、焙火度的配合要恰如其分，而非以几克为度来泡茶，这才是茶席中解构的不可分割部分，也才是茶席深远况味。

3章

[盛唐茶席]

华丽典雅

盛唐品茗风华：有陆羽《茶经》生活写实，有唐僖宗窖藏金银器出土再现，今人目睹茶席华丽，感受典雅风范。应用现代社会学的概念：『生活风格』(lifestyle)、『意象传达』(presenting image)、『美学体验』(aesthetic experience)、『美感部落』(aesthetic tribes)、『文化经济』(cultural economy) 的五大概念来宏观探析茶在每一时代的风格，师法古典茶席的无限宝藏！

葵口秘色瓷碗

茶器的风格

烹煮的团茶，击拂的抹茶或是壶泡的散茶，分别出现于中国唐、宋、元、明、清各朝，不同时期出现的不同流别，使用各式各样茶器的场景，都提升着茶融入历代的风格社会 (the lifestyle society)。

繁复茶器更迭，皇室的金银器、陶瓷素材建构的汤瓶、茶盏、茶碾……都让人体验时代转换、品茗变迁，催生的茶器的变化。而对观察者而言，最有吸引力的，那就是器表的匀称有致，隽永耐人寻味！

法门寺出土的鎏金鎏银茶碾，和湖南长沙窑出土的青釉蓝彩写意镂空座茶碾槽出现同样的壶门纹，图案象征佛教极致神圣，茶器瞬间让人感觉"隐喻"的意味，则是品茗知性与自然观交会相通的温柔、匀称，以此纤细感受的体会，加以援用今日茶席空间感觉，一样随时移动缓慢展开……

陆羽最喜欢用什么盏

越窑茶盏是陆羽推荐品茗的首选。诗云"九秋风露越窑开，夺得千峰翠色来"礼赞青瓷质地与自然交会的美趣，尤其是与茶色相映，在实用中体现唐代茶色重绿，以青色衬之，更发茶色的翠绿。用"青水出芙蓉"，着意对茶器欣赏的态度。

唐代陆羽写《茶经》，将微观的制茶、煮茶、饮茶，用七千多字，共分三卷十章来展现唐人的生活品位。《茶经》中第四章引了二十四种煮茶饮茶用具，若将茶器装入"都篮"则有上百斤重，将这组茶器摆设出来，又会呈现何种场景？

茶色青系蒸青制成绿茶

唐代品茗魅力何在

　　唐代品茗活动的魅力，在于生动活泼想象的领域，设计出阵容庞大的茶席，这和当时品茶、制茶方法息息相关。陆羽写《茶经》做了写实报道，这部成书于八世纪的《茶经》共三卷十章，分别是上卷——一之源（茶的起源）、二之具（造茶道具）、三之造（茶的制作方法）；中卷——四之器（有关茶器）；下卷——五之煮（茶的煮法）、六之饮（茶的饮法）、七之事（茶的记事）、八之出（茶的产地）、九之略（茶的概略及分类）、十之图，是一部从唐至今多方位完善记录茶的经典之作。

　　《茶经》内容中第四章"茶之器"，正是茶席演出的最佳卡司：其间列了二十四种煮茶饮茶用具；就制成材料而言，有银、生铁、锻铁、生钢、熟铜、泥、石、白瓷、青瓷、海贝之类金属和非金属物质，还有青竹、葫芦、棕榈皮、剡藤纸、木漆、白蒲、鸟羽、绢、粗绸、油布之属，所用木料选用槐、楸、梓、茱萸、橘、梨、桑、桐、柘、桃、柳、蒲葵、柿树之类。一般百姓想品茗，可以备齐这些必备茶器吗？

　　煮茶饮茶的优质选材，为的是让茶汤有最佳表现，但动辄百款百斤的器皿，又岂是人人可用？懂得繁复亦懂得化繁为简的陆羽提出"六废"之说，在六种状况下可以简化茶具使用，可以让茶席简约实用，这也是盛唐茶事兼容并包风格的呈现。

茶器的搭配

《茶经·九之略》中一连讲了六个"废";但废的不是茶事,而指茶具的损益:"其煮器,若松间石上可坐,则具列废;用槁薪、鼎䥶之属,则风炉、灰承、炭挝、火筴、交床等废;若瞰泉临涧,则水方、涤方、漉水囊废;若五人以下,茶可末而精者,则罗废;若援藟跻岩,引絙入洞,于山口炙而末之,或纸包、合贮,则碾、拂末等废;既瓢、碗、筴、札、熟盂、鹾簋悉以一筥盛之,则都篮废。"陆羽认为在松间、临泉,废煮器;在大自然中炙茶成末,碾茶器不必用了;装茶器时有轻便的盛具就不用都篮。陆羽所言"废",就是可以省略不用,虽"废"一样可以泡好茶。

废的条件,显出唐人品茗不拘泥的潇洒。在品茶用具上多元功能者可同步使用:如喝茶用碗也可以用杯、瓯、瓶、樽、盏;煮茶时用鼎也可用瓶、铛、锅。

茶器因形制和功能不一而命名各异,在盛唐时有大阵仗的茶器,也有精简之器。这正反映古人懂得如何调和,这种调和精神也是布置茶席的核心。调和是使用既有茶器布局出各种可能。唐人品茗,既受茶叶制法影响,而制作搭配茶器,又懂得在既有现况中发现品茗的惊喜。

茶席在唐代华丽的生活风格中绽放意象,茶席传达的是品茗的典雅匀称及隽永。

唐代茶叶制法、品饮方法引动茶器的使用。两项元素调和归结出茶席的呈现,这正是一次美感部落的集结绽放。诗人的感受丰沛,并有着鲜明记录。白居易在《谢李六郎中寄新蜀茶》说:"红纸一封书后信,绿芽十片火前春";李德裕(唐代宰相,

滑石制茶碾
夺得千峰翠色来(左页)

唐长沙窑青釉褐斑贴花壶
（上海博物馆藏）（上）
白瓷渣斗
（上海博物馆藏）（下）

787~850,字文饶,唐赵郡人,以荫补校书郎,拜监察御史）在《忆茗芽》说："谷中春日暖,渐忆掇茶英,欲及清明火,能销醉客醒。"诗人所说的"火前春""清明火",都是指采摘春茶时机是一年清明时分以前,叫做"明前茶"。今日"明前茶"仍是六大茶叶采摘的最佳时机。诗人品茗吟诗,诗境写活了唐人平居茶乐的生活风格,这种意象表达或在茶的产季,或在茶的制作中,凭借诗人的敏锐观察在诗词中流淌。

唐代喝什么茶

首先了解唐代制茶的流程,这是制茶技巧中最能保住新鲜、留住翠绿的蒸青做法。这种制茶工序技巧传到日本以后,成为今日绿茶的主要做法,也是今日中国蒸青绿茶的制法原则。

唐代制茶的流程是：蒸茶→解块→捣茶→装模→拍压→出模→列茶（晾干）→穿孔→烘焙→成穿→封茶。这样做出的茶叫"饼茶"。此形制就好像今日所见的普洱茶饼；但却只是形似,实质制法却大异其趣。

陆羽《茶经·六之饮》记录：唐代饼茶外,饮有粗茶、散茶、末茶。但这四种茶,只有原料老嫩、外形整碎和松紧的差别,其制造方法基本相同,都属于蒸青的"不发酵"茶叶。今天普洱茶饼制法分晒青、渥堆两种，与上述蒸青出来的绿茶制法有所不同。今人错置普洱茶发轫于唐，实为形制相似所误。蒸青团茶是当时的珍稀品，诗人留下不少溢美之词。

像玉璧般珍贵的团茶

柳宗元（773~819，唐代著名文学家、思想家，唐宋八大家之一，字子厚，唐代河东郡〔今山西省永济市〕人）《巽上人以竹闲自采新茶见赠，酬之以诗》："……晨朝掇灵芽。蒸烟俯石濑，咫尺凌丹崖。圆方丽奇色，圭璧无纤瑕。呼儿爨金鼎。……"他写茶芽用清水洗净后，开始蒸茶，蒸烟下依水流，上凌红岩，茶蒸熟后，经过翻榨和压模，制成像璧那样的圆形团茶，色彩奇丽，精美无比。

团茶若玉璧，把中国古人心中视为与上天沟通的玉璧作为隐喻，可见一片团茶在唐时珍若拱璧的真实。茶席和茶互为尊重，明白唐代制茶，再见品茶之法，才能勾勒出青瓷茶碗夺得千山翠色的妙喻。

赏茶饼再进一步踏入品茶的妙境，诗云："……余馥延幽遐。涤虑发真照，还源荡昏邪。犹同甘露饭，佛事薰毗耶。咄此蓬瀛侣……"茶芳香四溢，饮之可清除烦恼，如饮甘霖般而能显现人的真相、实相，以此涤荡迷乱和邪恶，还人以本源。用佛饭比新茶，可见茶之珍贵。饮茶能去烦醒脑。

如何才能煮出真味？精致的品茗法，正是茶席泡出真味的好榜样。古人之学，今人用心才有所得，其间稍有闪失将前功尽弃！

茶席华丽典雅

先烤再磨的煮茶法

唐代烹茶大体有两种方式：一是陆羽《茶经》所述"煮茶法"，又称"煎茶法"，即一锅煮。二是《十六汤品》所讲的"庵茶法"，又称"点茶法"。唐代煮茶方法有四步骤：

第一步骤：备茶

首先炙烤饼茶，以"竹筴"夹茶饼到火上烘烤，然后贮放于"纸囊"使香味精气不外泄。待饼茶晾凉后，以"碾"研磨成粉末，经"罗"筛滤，使末更细，再存于"合"内。

第二步骤：煮水

以"鍑"（茶釜）盛水，置于"风炉"之上煮沸。煮水则有三沸。一沸如蟹眼，二沸如鱼眼，眼反映水烧开时的含氧量，眼越大，含氧量越小，以一沸时就要进行。

第三步骤：投茶

加调味盐及茶末煮茶，第一道沸水开时，依"鍑"内汤水之多寡，由"鹾簋"中取出适量的盐花添入调味。第二道沸水用"瓢"（柄勺）舀出一勺沸水置于一旁，一面以"竹筴"在鍑汤中心循环击拂搅动，再以"则"量末，对着鍑中心下茶末。茶汤势如奔涛溅沫，此为第三沸，此时取先前放在一旁的第二道沸水止沸，以做培育汤花之用。汤花即放下茶末之后，在沸水中所产生的现象。汤花之薄者曰沫，厚者曰饽，细轻者曰花。

鲁山窑水注

看来十分精密的煮茶法,正是如何得到上好茶汤的精髓所在。煮茶后就是第四步骤:分茶,将煮好的茶分酌于"碗"。茶碗专作饮茶之用,分茶时必须沫饽平均,浓淡一致。

今人泡茶多重茶质名器,轻忽煮水、置茶、注水的微调,则无法得茶汤之妙。唐时与"煮茶法"并存的"点茶法",其法不同于一锅煮,而是撮茶末入盏。注水入瓶烧沸,注汤入盏,击拂,饮茶。此法是创新,也开启了宋人饮茶方式之先河!

击拂茶末的点茶法

烹茶靠茶器,造就出茶器的多元性,像水注、茶盏等茶器的出现,并引动赏器的美学体验。陆羽、蔡襄对茶器惜爱之心跃然纸墨,令人赞叹他们观器之细、发微之巨。

蔡襄(1012～1067,字君谟,北宋兴化仙游〔今福建省仙游县〕人,宋仁宗时进士,官至端明殿大学士、枢密院直学士)《茶录》云:"汤瓶,瓶要小者易候汤,又点茶注汤有准。"点茶法最为重要的茶具首推茶壶,即汤瓶。此瓶既用于煮水,又用于点茶。既要体积小"易候汤",又要容量标准化。他记录着"点茶注汤有准",由传世品考证,瓶高约十五厘米上下最为好用。

碾茶粉细末(上)
葵口秘色瓷碗(下)

今人茶席的壶、煮水器应多大才是最佳搭配？澎湃的茶汤又如何激散，以衬出千古佳色青瓷的容颜？唐人品茗的经验为今人带来的岂只是诗人诱人的诗句。

谁是唐代茶碗第一名

茶器，因茶而生，也因茶生色！自唐以来，各地窑口为茶服务。生产众多的茶器，也因此曾为谁是第一起了争论，陆羽拍板定出当时窑址出品的茶器："碗，越州上，鼎州次，婺州次，岳州上，寿州、洪州次，或者以邢州处越州上，殊为不然。若邢瓷类银，越瓷类玉，邢不如越一也；若邢瓷类雪，则越瓷类冰，邢不如越二也；邢瓷白而茶色丹，越瓷青而茶色绿，邢不如越三也。"晋杜育的《荈赋》谓："器择陶拣，出自东瓯。瓯，越也。瓯，越州上，口唇不卷，底卷而浅，受半升已下。越州瓷、岳瓷皆青，青则益茶，茶作白红之色。邢州瓷白，茶色红；寿州瓷黄，茶色紫；洪州瓷褐，茶色黑；悉不宜茶。"

上论瓷的高下取决于汤色，是看茶注入碗里以后，茶色与碗色的和谐。茶碗的颜色过白，茶色被釉色渗入而发白，茶水和悦之色就不明显。茶汤呈绿色，所以带青色的越州碗最合适，有相得益彰的衬色效果。这也是茶席用杯色系与所泡茶种所现颜色调和的原则，也直接呼应茶席泡茶和用器的调和关系。

茶器具良否，必须要看其器具的色与形是否与茶相配。陆羽没有对器具的艺术价值做鉴赏评价，但他却能观察出茶汤与青瓷交融，进而提出使用越瓷青茶益色的论断。当然，这种"青瓷益茶"的说法也引来后人的不同看法。

滑石水注（台湾科学博物馆藏）

"秘色瓷"的秘密

李刚（浙江省博物馆副馆长）认为，后人增补的《茶经》对唐代各大青瓷名窑进行了评述，"碗，越州上，鼎州次，婺州次，岳州上，寿州、洪州次。或以邢州处越州上，殊为不然。若邢瓷类银，越瓷类玉，邢不如越一也"，因越窑青瓷具有"类玉""类冰"的质感。晚唐时，越窑青瓷精品还获得了"秘色瓷"的美称。《茶经》是从饮茶的角度来褒贬瓷器的，因而只能算作饮茶者的一种偏见。茶的呈色也不同，即使是越窑青瓷，所盛茶水亦不一定为绿色。《茶经》记载："越州瓷、岳瓷皆青，青则益茶，茶作白红之色。"显然将越窑青瓷评为天下第一，与其盛茶水之色并无多少关系，而是由于青瓷的精良质地和特殊审美价值决定的。

以陶瓷的立场扩大解释青瓷之美相对客观，陆羽以茶色调和青瓷的说法是绝对客观吗？诗人更赋予了高度想象，供后人回味传颂，已超越了争议。同时，除了青瓷与蒸青绿茶的清新，带来的调和之外，唐代华丽王宫金银茶器在茶席的野艳多娇，亦引人侧目。

法门寺出土鎏金壶门座银茶碾子

金光闪闪的茶器

陆羽与蔡襄爱茶成痴。陆羽对茶席意图的论述，为后人清楚地列举了一份饮茶必备的用具清单，看清楚唐代饮茶习俗，茶器的艺术古雅美观，更要兼顾实用价值。《茶经》所述的二十四种煮茶和饮茶用具更出现在1985年陕西法门寺出土金银茶器实物中，验证金银茶器散发对品茶丰硕的视野。

874年，唐僖宗（862～888，唐懿宗五子，宫中称五哥）将生平用的茶器，用以礼佛，供养佛祖。出土的"物帐碑"标有"茶槽子、碾子、茶罗子、匙子一幅七事共八十两"等字样。这些茶器制于868年至879年，在鎏金飞鸿银则长柄勺茶罗子上刻着"五哥"字样。

根据"物帐碑"的记载，此套茶器包括：鎏金飞鸿球路纹银笼子、金银丝结条笼子、壶门高圈足座银风炉、鎏金壶门座茶碾子、鎏金飞鸿纹银匙、鎏金仙人驾鹤壶门座茶罗子、鎏金人物画银坛子、魔羯纹蕾纽三足架银盐台、鎏金伎乐纹调子、鎏金银龟盒，另有系链银火筯、琉璃茶盏、茶托等十三件。可以说正是这样珍贵的"物帐碑"将地宫珍宝再现唐代茶具之光，这套茶具成为演绎唐代宫廷茶道的铁证，更铺陈了唐代茶席华丽演出的秀场。

神秘波斯的工法

唐代宫廷茶具以金银为器，世人难企及；然其茶器形制或造型却是民间争相仿造。20世纪出土器物案例中，直接说明遣唐使驻泊地遗址曾埋入的青瓷茶碾，当年受到主人的眷恋不舍得离去，才会带它长眠相随。西安西明寺遗址出土的茶碾更能用来和陆羽《茶经》记录的碾做比对。茶碾是碾茶的必备工具，陆羽真实记录，唐盛世中的品茗流转异域，在不同文化交流后，茶器上的纹饰留下一段东西文化交流的见证！

中国长沙窑址中出土一件高 7.8 厘米，长 27 厘米，宽 6.4 厘米，槽深 4 厘米青釉蓝彩写意镂空座碾槽，可其造型、做工、碾槽上施蓝彩，都显示了伊斯兰文化装饰的特色。这是法门寺金银茶器中錾纹莲瓣纹饰的工艺秘章，原本唐代金银加工铸模浇铸，改由波斯传进中国，原来中国工艺中没有打制成薄片的工艺技术在茶器上出现。波斯当时所设计的图案以及圆花式图案，已成为茶器器表的重要装饰。

一套迷你版唐代茶器

法门寺唐代茶器的出土，见证了大唐宫廷茶席的奢华。而陆羽《茶经》中的茶器共八类二十八件，四十七件入都篮，重约百斤的茶器正是大唐时王公贵族、富商大贾的用品。

难道只有上流阶层才能独享这些茶具？从诗词歌赋到出土实物，可见当时寻常百姓、文人、雅士爱茶的婉约清心。台湾的自然科学博物馆藏有唐代茶器，是人往生后存续与茶再生缘的见证，更提供了皇室外民间飘送茶香的事实，茶器的出土也验证了唐代煮茶法操作的复杂性。

这组茶器共十二件，包括风炉、座子、茶瓶、茶釜、单柄壶、茶碾、茶碗、茶托、盘、茶器台，茶器台长 37 厘米，宽 29.5 厘米。全套茶器皆为滑石。器壁多处见辘轳痕迹，系按实际用品缩小。茶瓶、单柄壶、茶碗、茶托等均出现唐代越窑、邢窑、长沙

法门寺出土的鎏金银龟盒（上）
法门寺出土的鎏金飞鸿纹银匙（下）

窑等名窑中出土实物的缩影。

这样一套缩小的茶器,又能摆出一场怎样的茶席?

品茶的正点"匀称"

法门寺琉璃茶碗茶托

唐代的茶器在今日因喝茶形式的改变再生韵味,隐含的意义不单是一种思古的幽情,而是一种对茶文化的超联结,这也是统纳唐代品茗讲究"匀称"才能"隽永"的原点。

从采摘、制成与烘焙来看,匀称是基础。就制茶程序,即采下嫩叶瞬间到蒸茶的状态,如何利用高温杀青迅速破坏酶化,保持绿叶清汤特质,以至于接下来制茶工序由捣茶、装模焙茶,到最后穿封保存,无不均须以"匀"为轴,才得处理制茶中混沌不定状态,才能稳住茶的品质。

饮茶的"煮法"。煮茶用水、烧水使用烧水器,都得掌控"匀"才能在水第一沸时掌握水的含氧量,取出之水"隽永"才得滋味长久。

烘焙饼茶的火候,要"持以逼火",经常翻动,直至茶"卷而舒",才有"精华之气",烘茶后碾茶时的轻重缓急,匀称的茶粉攸关茶之精华,才能在煮酌时出现匀称的沫饽。

隽永是追求的偶像

茶叶制法的变换,总会改变茶器的用法,从匀称到隽永,唐代蒸青制茶饮用的"煮茶法",出现了阵势庞大的茶器组合,从茶碾、水注、茶盏的功能中,蕴藏着社会对茶能带来清醒的悟知。其间茶器典雅引动的隽永气质，正是今日茶席追求体验与诠释唐代茶文化的品位主张。

茶席的仪轨主导在于茶主人。经对唐品茗方式背后蕴藏的有关匀称的美学解析，观照到茶席风格表现，乃渊源于茶主人对唐代的品茗隽永风格的诠释。如是应用唐茶器的图式系统（system of schema），正是将茶器历史导引至引领地位的茶盏，以及水注。

水注的分类，将不同窑口和不同形制特色的茶器，归类为另一特定图式，然后在此基础上进一步变化，如茶碾出现莲瓣纹图式，其知觉感受与纯洁、佛教信仰有关；对茶席摆设行动的表现，产生进一步的反应，是否像曼荼罗中的莲花，成为纯洁价值意义。探究茶器对人产生影响的图式系统，唐代茶器是一个源头。

拥抱秀异的奢华

茶席的品位是由文化资本所表现出来的品位。唐代茶器的匀称纯质，天然具有成为一种摆放表现的品位。那不只是对出土茶器的怜爱和抽象意境的向往，也是追求具象实物的茶席正在发出回响。

懂得欣赏唐代茶器的秀异品位，常令我对拥有一件唐代

法门寺鎏金仙人驾鹤壸门座茶罗子

茶器产生狂热，久违来自博物馆级数的长沙窑水注，半透明薄釉枣皮黄的釉色，八棱形短流可想象陶工快刀信手削出的流线，水流的顺畅在形体外感中，是宣达盛唐一般水乳交融产生的力劲。

盛唐茶席，华丽简约在调和中展现出隽永。

4章

[宋代茶席]

品不厌精

宋代点茶法影响了日本抹茶道,这种品不厌精的时尚,更牵动着茶道精神在他界中的娱乐性,用单色釉的沉敛,凝聚了品茗时的清、静、和、寂。唯有在自我的反省中才能走出生活的品位。

宋遇林窑侧把水注

点茶流动生活的美学

宋代的品茗是一种点茶法的创意设计，其意象传达，指涉为一种精致的品茗方式，表现了两宋在文化发达的一种盛世，更是生活艺术中的一种美学体验。

传世的诗词字画，留下供今人赏味的宋代吃茶法的极致品位。台北故宫博物院藏画中传宋徽宗绘的《十八学士图卷》和另一幅传由刘松年绘的《撵茶图》，在考证绘画作者年代至今仍未有定论，但两图皆写真宋代品茗时的精致表现。

《十八学士图卷》《撵茶图》均是描绘文人雅集，啜茶点茶。两点茶图画有备茶、吃茶的场景，图绘多项茶器和布局情景是一种寄语郊野的茶席活动，《十八学士图卷》中绘的茶器黑漆茶托、建窑茶盏、水注汤瓶、水瓮、放置茶器的都篮……《撵茶图》中的茶器有茶磨、茶帚、拂末、茶筅、青瓷茶盏、朱漆茶托、玳瑁茶末盒、水盂、提梁鍑等，多项茶器组合呈现出宋代品茗茶席的极致。

斗茶的羞耻心

同样藏于台北故宫博物院的宋赵伯骕（1124～1182，字希远）绘《风檐展卷》确切点出宋代文人生活四艺。点茶、挂画、插花、焚香，画中主角坐几榻悠闲自得，等待茶童送来茶器，茶童托盘上绘着黑漆茶托、茶盏、水

宋银制菊瓣带托小盏

注,这些正是宋代点茶必备的茶器。

另一幅无款绘著的《文会图》则具体描绘在林中屋内,宾主三人对坐的小型茶会场面,主人备着三只黑漆茶托、青瓷茶盏,旁有茶童燁盏洗器,为客人与主人间的一场斗茶做着准备。

宋代茶席带来的精神愉悦,在于画中有画的视觉效果,有诗的意境传诵千年。范仲淹(989~1052,北宋文学家,字希文)《和章岷从事斗茶歌》提到:"鼎磨云外首山铜,瓶携江上中泠水。黄金碾畔绿尘飞,紫玉瓯心雪涛起。斗余味兮轻醍醐,斗余香兮薄兰芷。其间品第胡能欺,十目视而十手指。胜若登仙不可攀,输同降将无穷耻。于嗟天产石上英,论功不愧阶前蓂。众人之浊我可清,千日之醉我可醒。"

此诗具体描绘了斗茶的场景。斗茶讲究用水,便命人用瓶打来扬子江中泠水;斗茶宜用"绿尘飞"般的茶末;斗茶需用建窑所产的紫黑茶盏。因此,蔡襄在《茶录》中说:"茶色白,宜黑盏,建安所造者绀黑……最为要用。"范仲淹的这首诗道出了宋时斗茶分高下,以斗茶分出品第高低的盛况。范仲

今人仿效的宋代点茶

宋代点茶程序：
1. 取茶
2. 碾茶
3. 置茶
4. 击拂
5. 浮花泛绿

淹诗中说，斗茶胜了得意若成仙；败了羞耻心如降将的得失，也正反映了斗茶的社会价值！当然，品茶自赏，才不论长短是非，而来自独茗的心静，则又大大引发了诗人和茶的精神交欢。

品茶忆故人

林逋（968～1028，北宋诗人，字君复，钱塘〔今杭州市〕人，隐居西湖孤山）《尝茶次寄越僧灵皎》诗云："白云峰下两枪新，腻绿长鲜谷雨春。静试恰如湖上雪，对尝兼忆剡中人。瓶悬金粉师应有，箸点琼花我自珍。清话几时搔首后，愿和松色劝三巡。""静试"是诗人单独试茶，见茶受水后淳淳发光，一如西湖雪景。对湖独饮的寂寥，自然会想起越中的大师，不知何时方能相聚，促膝清谈，搔首吟诗。他用小巧的笔法来写自己幽静的隐居生活。这正是品茗茶席带来的生活情趣。

了解了这种生活方式或是生活情趣，才不至于将其视为不食人间烟火的奢华行为，或是虚无缥缈的无意义活动。今人为何要重新拾回宋代"浮花泛绿乱于盏"的一种斗茶盛况？是是非心太重才有的胜败论高低，而斗茶的价值是一种通过去拂的凝定，屏神练气，进而成为精神的修为，这也是在多元的社会发展中，通过对内在自我的认知，在茶席活动中展现多元身份的认同。

宋剔花茶盏托（大英博物馆）

沉敛后的修炼

学习了来自中国宋代的茶道，维持在多元社会中的自我认同。在特定的点茶方式中所进行的品茗行动的背后，是具体生活的行动，而非一时的品茗形式。这也是一种生活的基本主张。

以讲究的品茗方式，来体验每一回

宋青瓷茶盏托（大英博物馆）

的击拂茶汤，体会细微之处所带来的影响，通过自我的掌控，是身心主客的结合，并获得身份与社会地位的再确认。这也是多元社会下自我生活的自我管制。

过自己的生活，要活出风格，而生活风格的习作是日常生活常会发生的事。生活风格不只是名流人士的专属，通过学习宋代的品茗艺术，其实就是一种现代生活风格的学习，摆出宋代沉敛特质的茶席，亦为内化修持的修炼。

宋代茶席的爱现

现代生活不断地被不同的意见左右，掺杂着开放性与不确定性，而失去原有清楚的自明性。现代人因运这种情境可发展出的生活方法，就不能忽略生活风格中的意象传达。

宋代点茶，是一种具有表现性的 (expressive)、可以直接被观察的活动，其中的意象传达，就像日常生活中所谓的"爱现"，但点茶并非单纯的动作展示，而是在操作竹筅击拂茶汤时人的意识。从注水的提气，到击拂的轻、重、缓、急，拿捏稍有不慎，就会坏了茶汤的好滋味。这是一种自我意识的主张，等同于一种个人的意象再现,但也常常流于一种门面的粉饰,成为一种生活具体化的景致,就像日本茶道表演,已具备一种观光的价值。

事实上,意象传达(presenting image)可以是个人生活风格的特质,宋代的吃茶法正是当时文人雅士生活风格的一种意象传达。今日重现宋代点茶现场,面对茶盏、水注等茶器,发微意象传达如何建构古器今用的茶席,充满了令人惊喜的期待。

古典美如何影响现代美

以美的生命作为志趣,成为一种社会现象。从品茗的志趣中发展出的体验取向,深深地影响着现代人的生活言行。在消费领域中,美感价值成为优先的考量,而实用价值反而成为其次。如:一个茶席的装置,其空间运用,只是为了一次性的茶道表演,在这样的共同美感体验中所形成的体验群体,就形成了一种社会生活圈,一款美学经验的积累。

美感是被主体创造出来的,否则便不会有美的体验与感受。在流失的宋代品茗方式中,整个茶席从水注、茶盏、茶碾到茶人的穿着,都提供了一种美学的图式,它可能是一种尊贵的文化,也可以是一种动感的平凡。在不同的体验取向中,区分出不同的美感群体。现代人在不同的美学体验中,去理解现代社会的美感。

宋漆器茶盏托(大英博物馆)

令人心动的游戏

消费者追求生活风格,主要是为了"愉悦"的享受。宋代品茗,经过竹筅击拂所产生的汤花,以及所用的茶盏,都显示出在品味的引导下,希望从一个鹧鸪斑或是玳瑁斑中获得一种愉悦的想望。这是一种吃与养生的联结,也是由具象品位注入抽离精神的愉悦,在茶盏图像里凝聚赏美同好的集结。由于这样的体验,会驱使一群有共同认知的爱好者感到心动。茶盏的釉色变化,引动宋代诗人对茶盏感动的记录。在茶事活动中,文人雅士不断对烧结釉变的茶盏加以歌颂。

惠洪(1071~1128,北宋诗僧,又名德洪,字觉范,一说号"觉范",筠州新昌〔今江西宜丰〕人)《无学点茶乞诗》:"点茶三昧需饶汝,鹧鸪斑中吸春露。"

杨万里:"鹧斑碗面云萦字,兔褐瓯心雪作泓。"

黄庭坚(1045~1105,字鲁直,号山谷道人,晚号涪翁,洪州分宁〔今江西修水县〕人。北宋诗人、书法家,治平进士)《满庭芳》:"纤纤捧,冰瓷莹玉,金缕鹧鸪斑。"

周紫芝(1082~1155,字小隐,号竹坡居士,宣城〔今属安徽〕人。高宗绍兴十七年〔1147〕为右迪功郎敕令所删定官)《摊破浣溪沙》:"醉捧纤纤双玉笋,鹧鸪斑,雪浪溅翻金缕袖。"

宋吉州窑黑釉白彩碗(上海博物馆藏)(上)
宋建阳窑茶盏圈足残片刻"供御"(下)

上述四段诗文都诉说着独特的鹧鸪斑茶盏令人心动的纪事。诗人说"雪浪"指的是点茶击拂出的白色汤花，记录了茶汤在鹧鸪斑、金缕袖中翻滚的芬芳。

视觉系的愉悦体验

茶盏中跳动的茶汤叫诗人难以忘怀，留下诗词，这也是今人从诗中找寻往日情怀的根据。陶毂（903~970，字秀实，宋官至礼部尚书，著名文人）在《清异录》中说："闽中造盏，花纹类鹧鸪斑，点试茶家珍之。"对点茶活动而言，茶盏是活动的核心，茶盏釉色为点茶带来品饮的视觉享受。宋诗句传达昔日黑釉建盏动人心弦的谱曲。

黑色茶盏具有衬托白色乳花的效果。宋代茶具多采用茶盏，茶色既然是白的，自然以黑色的茶盏最适宜，如此一来色调分明，利于品评。黑釉茶盏的烧制在宋代得到极大的发展。今人茶席应用单色对比的凸起，宋代茶人很有经验。

蔡襄在《北苑十咏》的《试茶》中写道："兔毫紫瓯新，蟹眼青泉煮。雪冻作成花，云闲未垂缕。愿尔池中波，去作人间雨。"

好玩又实用的建盏

蔡襄《茶录》写："茶色白，宜黑盏。建安所造者绀黑，纹如兔毫，其坯微厚，熁之久热难冷，最为要用。出他处者，或薄或色紫，皆不及也。其青白盏，斗试家自不用。"说明建盏兼具娱乐及实用的双重功能。宋徽宗（1082~1135，河北涿州人，字号宣和主人、教主道君皇帝、道君太上皇帝）《大观茶论》谓："盏色贵青黑，玉毫条达者为上，取其燠发茶采色也。""玉毫条达者"即指兔毫盏。

茶盏因黑色可以衬托茶汤的白与绿，茶盏胎土厚可保温，有利茶温汤度的维持，是同期间其他窑址所产茶盏无法比拟之处，建盏便成为文人雅士的最爱，连皇帝也难敌建盏的魅力。

点茶主秀黑釉建盏

宋代吃茶法中讲究用蒸青的绿茶，能够让蒸青绿茶发挥最佳效果的则是黑釉茶盏。茶和茶器相互烘衬，像一场舞台设计，也是灯光聚焦宋代茶席所在。

黑釉茶盏成为今日中、日两国茶人心中的梦幻逸品。黑釉茶盏颜色黑，容易让茶汤和茶末的色彩表现出来，其间，福建建阳窑茶盏的细部设计发挥着妙用。

手持宋代的茶盏，击拂出一碗抹茶，这时才发现原来蒸青绿茶淡雅中竟有令人惊艳的浓稠。要想达成这种赏心乐目的效果，必在击拂过程中用心体会，领略茶盏、茶筅与茶末的关系，才能让茶盏、竹筅与茶末相互激赏，达成曼妙汤花，得其真味。

宋代品茗活动的活络，除了聚焦在品赏茶汤的甘甜滋味，更重要的是，通过点茶活动带来娱乐效果。文献记录显示，宋代点茶已自成体系，其中以蔡襄的《茶录》最具代表性。《茶录》规范了点茶程序，统一了人们的茶道方法和审美标准。

黑釉茶盏茶席的沉敛

蔡襄既是治理一方的官员，又是享誉书坛的宋四大家之一，纯然一文人学士。他总结了民间茶道，进而上书进奏，贡致朝廷，也自然为文人们所习仿。蔡襄《茶录》中的点茶道可以说是宋代茶道的主流。

宋代点茶怎么点法

蔡襄的《茶录》说明点茶程序；但点茶名称出现了不同称谓，今人须厘清所谓"点茶""试茶""斗试""烹点"等，指的都是点茶活动。那么，点茶活动应具备哪些程序才是完整的？蔡襄的《茶录》和宋徽宗的《大观茶论》对点茶过程都有翔实的叙述。

归纳上述两人所说的点茶程序，应具备：一、炙茶；二、碾茶；三、罗茶；四、候汤；五、熔盏；六、点茶。

宋代吃茶法的七汤程序

第一汤　是调膏后的第一次注汤，先注汤，再持筅击拂。注汤时"环注盏畔，势不欲猛"，让沸水沿茶盏内壁四周而下，顺势将调膏时溅附盏壁的茶末冲入盏底。持筅的一手以腕绕茶盏中心转动击打，点击不宜过重，否则茶汤易溅出盏外。此时击起粗大气泡，稍纵即逝。由于内含物溶出不多，"茶力未发"。因此用水不宜过多，击打不必过于用力，时

宋建阳窑黑釉茶盏（上）
摆置的取放需用心（下）

间不宜过长。

第二汤　注汤落水在茶汤面上，汤水急注急停，不得滴沥淋漓，以免破坏已产生的汤花。此时竹筅击拂用劲，持续不懈，汤花渐换色泽（因汤花不多，可见到竹筅击起的茶汤色泽）。

第三汤　注水方法同上。击拂稍轻而匀，汤花渐细，密布汤起，缓缓涌起，但随注水，汤花破灭下降，或"破面"见茶汤，此时乃需用力击打，以保持汤花满面完整。

第四汤　注水要少，竹筅转动幅度较大，速度减慢，汤花开始云雾般升起，随着击打，汤花涌向盏缘。击打停止，汤花回落涌向中心升起。

第五汤　注汤可适当多些，击拂无所不至。若因注汤而使汤花未能泛起，则需加重点击，至汤花细密，如凝冰雪。

第六汤　点于汤花过于凝聚的地方，运筅缓慢，可轻拂汤面，轻过六次点击，注水已达六分至八分，在不断击打中汤花盈盏欲溢。

第七汤　视茶汤浓度而定，可点可不点，注汤量以不超过盏缘折线为度。

辽壁画的点茶实景（上）
宋代品茗沉敛聚精（下）

对细节的要求

在点茶的程序中必须注意每一个细节,若稍有差池,点茶活动就会前功尽弃。每一个程序都代表点茶人对茶性的了解,以及对所用茶器的灵活掌控,这也代表文人对自我内心的要求,经过点茶活动可以跨越对现实的不满,更期待在击拂茶汤时看到茶汤如幻影般的变化,所带来心灵的满足与安逸。

为什么会有这样的心境产生?

现代生活在消费产品上认同品牌,其实是勾勒出一种身份的认同,他们都相信这样可以带来他们向往的幸福,让生命升华,并随着消费的发展回到一种"部落"的生活,追随部落对美感的认同,建构一"美感部落"(aesthetic tribes)。茶席正得到很多志趣相同者的认同,具有可操作性。

这种集体感受力量的美学氛围,是一种强调自我的个体化世界,在同好的感受下,喜爱宋代茶道的黑釉茶盏形成的社群,到底充满着哪些图腾与神话仪式行为?或是已铸成美感部落共构的特质?

汤花展现的力与美

在斗茶中,点击包括点汤、击拂两个过程。"点汤"是指用沸水冲泡已调好的茶末,即斗茶中的"点汤注水"。点茶时沸水跌落在茶汤上的冲击力,是汤花产生的动力之一。

"汤花"是外力对茶汤表面做功而使其表面延展的结果。"击拂"也是汤花产生的动力来源之一,击拂除与茶筅的大小、质地轻重、帚部的疏密与形状有关外,

宋吉州窑玳瑁釉执壶
宋定窑白釉水注(右页右)
宋吉州窑水注(右页左)

更受茶筅的运转方法、用力的轻重、击打频率的快慢、转幅的大小和击拂操作的熟练程度的影响。

《大观茶论》中强调"点汤"与"击拂"必须得当。如果在调膏时,茶末和水还没有十分交融,就急忙注水,这样茶膏的色泽就无法焕发出来。同时持筅击拂水面又太轻,这样茶面就不会涌起足够的汤花,这就叫做"静面点",如果边点边击拂,急操过当,无轻重缓急之分,运筅又不当,虽然在击拂时也有汤花,但点汤击拂一停,汤花立即消退,露出水痕,这就叫做"一发点"。

如何运用注水得好滋味?宋代茶席很到位,今人设席若只见停滞视觉,却不能忽视品茗终极得好滋味之要求。

吃茶累积文化资本

文化活动与经济生产,两者之间是互相利用,更可产生活泼的效果与效益。宋代的黑釉茶盏,除以"供御""进琖"等为皇室所制造的建阳窑以外,当时中国各地窑址的仿效,例如:吉州窑、磁州窑等,一度带动当时陶瓷业的发展盛况。

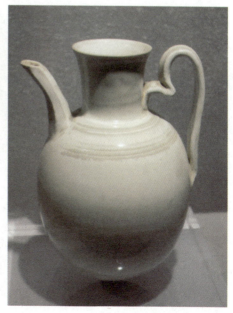

这些文化积累已是中国茶道延伸茶产业的创意。而今，中国陶瓷茶器有较高的经济产值，乃拜"经济的文化化"（culturalized）所致。

文化积极介入经济活动，宋代吃茶所揭示的一种美好年代的新形态的文化资本，其所镶嵌出来的经济效益，说明了文化其实是新的经济发展的一种动力来源。对于茶器或茶叶，学习嵌入文化系统，使物品有了意义的诠释，让经济与文化出现密切的互动。

中国宋代吃茶法独创的品位秀异，带来今人生活风格，意象传达美学经验所形诸美感部落，启动文化经落中闪透的文化底蕴与人文品位，在茶席浮现！茶席的演出是宋代的斗茶再现，还是来自浮花泛绿乱于盏的炫目？

5 章

[元代茶席]

含蓄澎湃

蒙古统治期间的元朝人怎么喝茶？保有宋代点茶法品末茶，更发展出散茶新风味！在游牧征战的世界中，元人品茗把持兼容并蓄，在末茶与散茶的并列中，在甘露和酒饮中。

元青花釉里红与茶盏
共谱茶点奏鸣曲。

李德载（生卒年不详，《太平乐府》中有其《阳春曲·赠茶肆》十支)《[中吕]阳春曲·赠茶肆》:"蒙山顶上春光早，扬子江心水味高。陶家学士更风骚。应笑倒，销金帐，饮羊羔。……木瓜香带千林杏，金橘寒生万壑冰，一瓯甘露更驰名，恰二更，梦断酒初醒。"诗中透露蒙顶茶春茶，要用扬子江水来配，以益茶味，那是古人所追求的一种品位。在吃羊羔品酒后，以茶之甘露解酒换清醒，这是古人所理解的茶的务实性。

元代茶席的氛围，粗犷中见细腻，在宋代吃茶法的基石上迈向新时代品茗风尚。

点茶法的余晖

出土的墓室壁画写真着元代品茗风格，画中描绘着元人品茶的情景，画面上是承袭宋代风格的点茶。壁画传真了当时茶席的现场精华。山西大同冯道真墓室壁画《道童进茶图》，画出当时点茶所用的汤瓶、盏、托、筅等，茶器一应俱全。有了壁画画面，得知宋元点茶法的相承，而在当时品茗诗句中更写着蒙古游牧民族对来自大宋点茶的钦羡。

耶律楚材（1190～1244，契丹人，元代大臣）在《西域从王君玉乞茶·因其韵七首》中回味:"积年不啜建溪茶，心窍黄尘塞五车。碧玉瓯中思雪浪，黄金碾畔忆雷芽。卢仝七碗诗难得，谂老三瓯梦亦赊。敢乞君侯分数饼，暂教清兴绕烟霞。"这首诗所提的就是将建溪茶饼碾成细粉，放在碧玉般的青瓷茶碗中品味，耶律楚材想念着茶末放在碧玉般青瓷茶碗中，经击打后茶汤所浮现的白花雪浪的姿态，他是来自契丹的元

山西省大同市元代冯道真墓壁画，茶桌上所画茶罐写有"茶末"字样。

元青花蛋壳青釉色衬托绿茶色

朝大臣，爱上中原茶滋味终不悔。

元代，一个将中国团茶保留的民族，在蒙古人征服统治的时代，北方宫廷仍继续保留了宋代遗留的官焙茶园，因此末茶点茶饮法在元代所占分量依然重要，由墓室壁画或茶画所见，点茶茶器依旧继承宋制。内蒙古赤峰市元宝山元墓壁画《进茶图》将茶瓶、茶盏、茶托、茶筅等点茶茶器画成一幅写实茶席图，最令人动容的是《道童进茶图》，画中的一张桌子上置有书写"茶末"字样的茶末罐。

墓室壁画藏玄机

1958年10月，山西省大同市宋家庄发现元代冯道真、王青墓上的壁画。考古工作者在该墓室东壁南端发现了《道童进茶图》壁画。考古报告记录着："画面南北长1.52米、宽1.18米。道童面带喜悦，右手托碗，左手捧物置于胸前，立于草坪之中。道童身高73厘米、腰宽14厘米，发梳双髻，身穿大斜领宽袖土黄色道袍，内穿短布水裤，脚穿云履，腰系丝带，垂于袍外。道童背后绘有毛竹，竹前有形式古朴的八仙桌，桌腿及装板为深土黄色，桌面深棕色，上置覆碗三件，大盆一件（下置圆形座），带盖罐一件，罐腹部斜画一长条方块，上用墨写楷书'茶末'两字，碗托子三件，叠放于左，其旁置勺一件，另外还有小筥帚一件，仙桃一盘，'仙品'一盘。桌高46厘米、宽44.5厘米。道童前侧绘有虎眼石及牡丹花。"

《道童进茶图》的出现彰显了几项意义：一、点茶仍在元代流行；二、用器以茶碗、碗托、小笤帚一应俱全；三、使用的茶为已碾过的"末茶"，而为了保鲜防异味还装入茶叶罐，外面以黑字写上"茶末"，这是佐证元代保有前朝点茶法，元代征服宋朝，政治上统治了大宋，在生活习俗上却融入了中原文化，包括茶文化，甚至爱上"茶百戏"的趣味。

茶汤面可以画出诗句

　　流行于宋，传至元的"分茶"活动，直使品茗活动气韵生动。这种"分茶"又称"茶百战""幻茶""茶百戏"，始见于《清异录·荈茗·茶百戏》："茶至唐始盛。近世有下汤运匕，别施妙诀，使汤纹水脉成物象者，禽兽虫鱼花草之属，纤巧如画，但须臾即散灭。此茶之变也，时人谓之茶百戏。"《生成盏》又记："馔茶而

茶百戏在茶盏中见"幻茶"

幻出物象于汤面者，茶匠通神之艺也。沙门福泉生于金乡，长于茶海，能注汤幻茶，成一句诗，并点四瓯，共一绝句，泛乎汤表。小小物类，唾手办耳。檀越日造门求观汤戏……"由此可知点茶是分茶的基础。

两者的区别在于，点茶在先，重在审评茶的色、香、味及浮在盏面的沫饽；分茶于后，系以汤面幻出花鸟鱼虫诗画为特色。两者一先一后，使得品茗又兼娱乐，双重效果。

有关于"茶百戏"的记载说，高手点茶，可让茶汤幻化出一句诗，甚是奇妙。今人重演点茶活动，不免发出此情此景是诗人忘情的想象，还是古人真能运竹筴于天机，点出如幻的汤面的疑问。

陆游（1125～1210，南宋诗人，字务观，号放翁，越州山阴〔今浙江省绍兴市〕人）《临安春雨初霁》说"晴窗细乳戏分茶"，陆游自称毕生嗜茶，创作了三百二十余首茶诗，其数量为历代诗人之冠。他将斗茶的场景轻描带过，而杨万里则对分茶观察入微。杨万里在《澹庵坐上观显上人分茶》说："分茶何似煎茶好，煎茶不似分茶巧。蒸水老禅弄泉手，隆兴元春新玉爪。"

斗茶涵盖点茶与分茶，先点再分，两个程序密不可分，诗人李清照也是个中好手。

元青花水注（上海博物馆藏）

元白瓷高足杯（上海博物馆藏）

李清照（1084～约1155，南宋女词人，号易安居士，齐州章丘〔今山东〕人，宋哲宗时礼部员外郎李格非之女）《转调满庭芳》写"生香薰袖，活火分茶"词句为证。李清照懂得生活品位，分茶是她创作诗词之余的娱乐，亦成为创作的题材。

宋代的分茶活动也在女真国受到欢迎与传承，并流传到了岭南。《大金国志》卷七内记载：金熙宗能分茶，以为"尽失女真故态矣"。又周去非（南宋学者，字直夫，永嘉〔今浙江温州〕人）《岭外代答》卷六《茶具》记："夫建宁名茶所出，俗亦雅尚，无不善分茶者。"

分茶被视为是通俗普罗大众的，也同样可以是风雅高尚的活动，流传的元曲中有生动描述。元关汉卿（元曲四大家之一，字汉卿，号己斋叟，大都〔今北京〕人）《[南吕]一枝花·不伏老》说："花中消遣，酒内忘忧；分茶颠竹，打马藏阄。"董解元（金戏曲作家，约为金章宗完颜璟〔1189～1208〕时人）《西厢记诸宫调》卷一也说："选甚嘲风咏月，擘阮分茶。"分茶斗茶场景并没有因异族统治而淡出。相对而言，分茶的活动已渗入大江南北，古墓壁画中也再现了元人"疯"斗茶的盛况，好不生风，热闹非凡。

元耀州窑月白釉盖罐（上）
元白瓷水注（下）

元人"疯"分茶

1982年7月,内蒙古赤峰市元宝山发现一座元代古墓,墓室中的生活图共两幅,画于东西壁面之右半壁,大小相同,幅宽140厘米、高84厘米。

出土报告记录着:"东壁在醒目位置上画一长方形高桌,四足细长,桌沿下镶曲线牙板,腿间前后连单枨,左右连双枨。桌上一端倒扣三件圈足、敞口、浅腹碗。碗侧一物近似近代民间惯用的炊帚。桌面正中放一黑花执壶,壶盖成莲花状,盖纽为宝珠形,盖上及腹部均饰莲纹。旁有一黑花盖罐,盖形同前,器腹饰卷云纹构成的兽首。"敞口浅腹碗即为宋斗茶必用的盏器,碗侧放的就是用来击拂茶汤的"竹筅",而放在桌面的黑花执壶正是用来注汤的"水注"。斗茶用器一应俱全,正为元人品茗茶席的布置作了说明。

出土报告说:"桌旁立一人,头戴有花饰的硬角幞头,长圆脸,身着圆领紧袖蓝长袍,中单红色,外加短护腰,左手捧一碗,碗中一物似为研杵,握于右手。

西壁画高桌上放黑花瓷壶,盖罐和元代典型的'玉壶春'各一件。桌旁也立一人,头戴硬角幞头,身着圆领窄袖袍,加短护腰,脚穿黑靴,双手托盘,盘内置两碗,作供奉状。"碗中的研杵系源自茶碾器,功能在于将茶饼经由团茶器细碾成粉末状,以作为点茶之用。

元宝山元墓壁画中所用茶器,从敞口浅腹茶盏,都与宋代斗茶茶盏一脉相承。而从传世的元代画作中更见元代茶

宋·佚名《斗茶图》

席澎湃活动，站在街头就斗起茶来的现场，是一种随机，还是斗茶平凡见真味的表现？

狂恋茶的元代幸运儿

元代赵孟頫（1254～1322，元代书画大家，字子昂，号松雪，又号松雪道人，别号鸥波，又号鸥波亭。湖州〔浙江吴兴〕人）绘有《斗茶图》，他用写实手法再现了当时街景斗茶情景，只见斗茶人个个精神抖擞，以立姿手持水注茶盏的备战状态，一旁还有茶童摇旗呐喊。

画和诗写活了分茶的妙境，不禁令人玩味：为何以竹筅击拂末茶？如何叫汤花泛白，须懂得击拂使力之轻重缓急，还是懂得将茶汤纹路水脉视成物象？闽北遇林窑址出土茶盏金银加彩于黑釉茶盏，可试着给出一个答案。这类书有诗词或绘花草图案的茶盏供茶百戏作为分茶器，如此一来，茶盏上出现诗文就不足为奇了。

元代末茶满足了爱茶人，其间又兴起散茶的品茗风潮。耶律楚材就是同享末茶与散茶的幸运儿。他写道："高人惠我岭南茶，烂尝飞花雪没车。玉屑三瓯烹嫩蕊，青旗一叶碾新芽。顿令衰叟诗魂爽，便觉红尘客梦赊。两腋清风生坐榻，幽欢远胜泛流霞。长笑刘伶不识茶，胡为买锸谩随车。萧萧幕雨云千顷，隐隐春雷玉一芽。建郡深瓯吴地远，金山佳水楚江赊。红炉石鼎烹团月，一碗和香吸碧霞。"

诗中，他爱上产自闽南与广东的茶叶，这些茶叶都是嫩蕊芽尖制成。诗中的"新芽""玉芽"就是现在的"绿茶"，这也凸显元代制散茶已渐成风气。文人热爱散茶，耶律楚材写下用红泥炉（红炉石鼎）为火源来煮水，使得茶香满室的场景，即为对散茶狂恋之写照。今人爱茶以茶席布局形态表现的多样性，而品茗懂得用好水用活火，在诗人眼中抓得住。

从宋朱漆茶盏托可见元青花盏托的相关性

爱上常民散茶的俗饮

元好问（1190～1257，金文学家，字裕之，号遗山）写《茗饮》说："宿醒未破厌觥船，紫笋分封入晓煎。槐火石泉寒食后，鬓丝禅榻落花前。一瓯春露香能永，万里清风意已便。邂逅华胥犹可到，蓬莱未拟问群仙。"此诗首联写煎茶解酒，欲煎茶以醒酒，诗人表明清明后就得名贵新茶，又点明精茗借水而发，贵从活火发新泉。而该诗已将元代散茶时代的到来作了诠释。诗中"紫笋"指的是散茶，一种采嫩芽炒成的芽茶，这正是元代末茶外的新秀。

元代从团茶到散茶的双元茶种的包容性，提供今茶人品茗之双元思考角度：人单一地执迷孤品茶或有所得，但多元多样的品茗观却让人开拓无挂碍的心境，品茗才知晓具足的包容。元代多彩的品茗世界中，已勾勒出品茗的相对高格调与绝对常民化应有的俗饮。

常民化的俗饮反映品茗的随机性，市民的茶席临街而布局，显出等待茶缘、共同相遇。如此随意却不失浪漫情怀。相对而言，精致的品茗自有一番新味，又以元代文人与自然结合的茶席活动最热门。这其间品茗美学恰如其分，与元代制茶手法相互交替。

元代王祯《农书》和鲁明善(1271～1368,元代著名的翻译家、外交家和学者,通晓印度、中亚、汉、藏等语言,名铁柱,字明善,高昌人)《农桑撮要》中记录了元代茶叶制造方法：茶叶略蒸，颜色稍变后，摊开扇凉，用手略揉，再行焙干的制造方法，这就是制造烘青条型茶的方法。说明到元代，散茶已成为制茶中的重要部分。

元式茶席文化交融

朝野上下爱品茶

　　散茶制作普及化，使团茶、散茶双双成为上自贵族下至平民品茗活动中的重要元素。《农政全书》说得很清楚："上而王公贵人之所尚，下而小夫贱隶之所不可缺，诚民生日用之所资，国家课利之一助。"元代朝野上下爱品茶的风气引动风潮，同时带给国家税收，在闽北设置御茶园。

　　赵孟頫《御茶园记》中记载高兴于至元十六年（1279）进献福建崇安产"石乳"团茶给元朝宫廷；高兴之子久住于元大德三年（1299）亦进呈成宗"石乳"茶，官方并在武夷山九曲溪设置御茶园。

　　从高久住至武夷山督造贡茶起，开启了元代御茶园的设置，使武夷山的茶产量与品质双双提高。《闽小记》记载："至元设场于武夷，并与北苑并称。"这也说明了崇安的武夷贡茶已与建安的北苑贡茶齐名。御茶园为朝廷服务，而青花盏托为贡茶衬托质感。

　　我们从元代的御茶园及出土的青花盏托，可以看到元代在统治期间所接受的宋代茶文化熏陶的情况。

元式茶席文化交融

揭开御茶园的千古之谜

今日，福建省武夷山可见元代御茶园的遗址。《闽小记》载："御茶园在武夷第四曲，喊山台、通仙井俱在园畔。前朝著令，每岁惊蛰日，有司为文致祭。祭毕，鸣金击鼓，台上扬声同喊曰：'茶发芽。'声势浩大，颇为壮观。"将采茶时代回溯到元代，在惊蛰日的"茶发芽"洪亮声中，浩大采茶人马进行采茶是何等壮观。

如今，"御茶园"遗址建有武夷岩茶研究所，专门从事对武夷茶的采摘和种植等研究工作。"御茶园"入口处设有纪念碑，记录了元代御茶园的盛事。站在元代至今的"通仙井"前，看着已经干涸的井圈，虽不见水，却也让人遥想元代品茗的点点滴滴……

"御茶园"采团茶朝贡，而兴起的散茶就拥有更广的拥护者。元代蔡廷秀在《茶灶石》中说："仙人应爱武夷茶，旋汲新泉煮嫩芽。"这里所说的"嫩芽"就是武夷所产的散茶。

马可·波罗看过的青花茶盏

散茶受欢迎，应运而起的是：如何才能喝到一杯散茶的鲜嫩？这时期的散茶属于绿茶。因此，所使用的茶器就以瓷器为主，这样才能发其茶性，也最能表达出绿茶的香气与滋味。1970年北京出土的元青花带托小盏，正说明了这件茶器与茶的绝配因缘。

1972年《考古》中《元大都的勘察与发掘》中记载，元青花带托小盏出土地点在北京旧鼓楼大街豁口，出土器物有青花碗四件、青花杯两件、

北京出土元青花带托小盏
武夷山元代御茶园旧址（右页）

青花托子两件、青花觚一件、青花壶一件。

元青花是蒙古人于至元十五年 (1278) 在江西景德镇设立了官府机构"浮梁磁局"掌管烧造的瓷器。借由对外贸易，为元朝带来大量收入。尤其是景德镇针对海外贸易的特殊需要，按照伊斯兰国家的习惯，生产了大批纹饰精美的青花瓷器，至今传世品仍受世人喜爱。意大利人马可·波罗进入元大都（今北京）时，亲眼目睹了青花盏为民所用的盛况。

釉色与汤色的绿光组曲

通过元式青花带托小盏，或品饮龙井，或品饮碧螺春，恰如其分，经过对茶器釉药的分析，今人有了答案：以景德镇使用的高岭土制瓷，烧出的高岭土洁白，加上釉药中所使用的青料，即天然矿物提炼出的钴料，在发茶性上具有留香藏韵的效果。由于其发色与形制所激发出的茶香，已成为向往元代品茶的和煦春阳，那么品茗的实际效果如何？我曾在苏州以碧螺春放置于元式带托小盏冲泡，更前往杭州，在西湖边上放龙井入盏，赏汤色，品滋味，感觉非同一般。元式青花带托小盏作为茶席的配器，因盏托双双耀眼，成为焦点。

绿茶汤色以鲜绿为佳，从汤色深浅可以看出茶叶的新鲜度。元式青花带托小盏釉色明亮，带有鸭蛋壳般的青色，可衬托出茶汤的青色与明亮。从盏面直接往下看盏底，可见茶芽与青花图案相互辉映，形成一种视觉享受。盏型敞口，可以欣赏嫩绿的绿茶汤色，以及茶芽所舒展出的容貌，同时又利于双指扣盏口，品饮绿茶时以此盏尝到新鲜优雅。

青花钴料发色层色耐人寻味
（大英博物馆）

初入口的浅尝之美

茶盏施自然釉，有利发茶香气。茶芽的香气，在冲泡时通过杯子的聚香冉冉而升。若是杯体保温不佳，香气易涣散，难将高雅香气激发。元式青花带托小盏，先置碧螺春于盏内再注水，只闻茶香气从盏口缥缈传送上扬，悦鼻的枇杷香！此盏的釉药对于茶汤的负面气味有改善效果。盏用对了釉，有助品茗者辨识香气，并带出去芜存菁的效果！这正是茶席用器的法门，拥有好茶器却不知因器配茶，让茶与器共鸣生辉，那也难成一个成功的茶席。

元式青花带托小盏造型符合人体力学，以口就盏时，第一口接触的茶汤，在与杯体口沿做接触时，若盏体口沿不够细致，常会带来对品饮者的冲击，入口茶汤无法充分地用味蕾品赏。盏体口沿的花草纹给视觉带来一种平和，举杯入口时不急不缓，让茶汤与味蕾自然接触，让绿茶的鲜醇柔和尽出，汤汁柔和顺口。

端起元代品茗风华

使用茶器不当，常使绿茶生青涩口。茶汤入口时苦难转甘，不同茶汤使用不同茶器，在品茗过程中变化多端，在茶席的布局中不可不察。

元式青花带托小盏，除了利茶汤香气，更有利于提升我们的美学观感。品茗时，茶器是与人

元青花高足杯

最为亲近的用器，元式青花带托小盏是具有灵性的用器。端起茶托，不用担心茶杯烫手，借着茶香暂离水泥丛林，让情绪回到元代品茗风华，进入元青花带托小盏与绿茶共舞的盛景里。

元青花的赏心悦目，可以培养出高度的美感。元青花带托小盏传达了它在中国茶器史上承前启后的重要性。它的茶托诉说着宋代吃茶的雅趣与精致，它的盏缩小了，开启了明代以后散茶用杯的先河。就像元人在末茶和散茶的双元激荡中，显现出一种含蓄澎湃，这正是元代茶席吮春芽之妙处。

6章

[明代茶席]

浪漫苏醒

一三九一年，明太祖朱元璋下诏废团茶，改制芽茶。《明太祖实录》记载：「庚子诏。建宁岁贡上供茶，听茶户采进，有司勿与。敕天下产茶去处，岁贡皆有定额。而建宁茶品为上，其所进者必碾而揉之。压以银板，大小龙团。上以重劳民力，罢造龙团，惟采茶芽以进。其品有四，曰探春、先春、次春、紫笋。置茶户五百。免其徭役，俾专事采植。既而有司恐其后时，常遣人督之，茶户畏其逼迫，往往纳贿。上闻之，故有是命。」朱元璋废团茶，自此中国品茗进入大变革时代。唐、宋以降的龙团贡茶走入历史，取而代之的是全面芽茶饮用新方法：用壶置茶，以沸水冲泡。茶器使用更由大型盏器转换为容量较小的杯器，制茶方式变动也牵引茶器制作的更迭，这时引动的茶席品茗，正透露着浪漫的苏醒。

透视炒青绿茶制法

明太祖朱元璋（1328～1398，幼名重八，又名兴宗，字国瑞，濠州钟离〔今安徽凤阳〕人）下诏罢造团茶后，原来设置在闽北的御茶园改制散茶。徐𤊹(1570～1645，字唯起，闽县〔今福州〕人)《茶考》说："武夷山中土气宜茶，环九曲之内，不下数百家，皆以种茶为业，岁所产数十万斤，水浮陆转，鬻之四方，而武夷之名，甲于海内矣。元初制造团饼，稍失真味，今则灵芽、仙萼，香色尤清，为闽中第一。"

御茶园从元大德（1302）建，前后共历时二百五十五年。改制散茶带动了全国各地跟进，当时以制作绿茶为主，并由蒸青制茶进入炒青阶段。炒青出来的茶纤细，以芽为贵，品饮时以茶汤鲜绿为主，环绕绿茶而生的茶器大兴，由此形塑出的品茗情境质朴，令茶人学习收敛"放逸"任性与自慢，更由清洗茶汤涤洗"色境"带来的迷惑。

炒出迷人的翡翠色

炒青是运用高温杀青增进绿茶色香味，再发展出晒青、烘青、全炒。张源《茶录》、许次纾（1549～1604，字然明，号南华，明钱塘人)《茶疏》、罗廪（生卒年不详，明书法家，字高君，浙江宁波人)《茶解》对制绿茶的实战经验说明如下：

新采，拣去老叶及枝梗、碎屑。锅厂二尺四寸，将茶一斤半焙之，候锅极热，始下茶急炒。……生茶初摘，香气未透，必借火力以发其香。然性不耐劳，炒不宜久，多取入铛，则手力不匀，久于铛中，过热而香散矣，甚且枯焦，不堪烹点。炒茶之器，最嫌新

明青花出水瓷盖盒邂逅龙井茶（左页）
明龙泉青瓷茶罐 （上海博物馆藏）

铁。……炒茶铛宜热，焙铛宜温。凡炒，止可一握，候铛微炙手，置茶铛中，札札有声，急手炒匀，出之箕上，薄摊，用扇扇冷，略加揉授，再略炒，入文火铛焙干，色如翡翠。

　　观茶制法如此细致，也让茶人更知制茶时一寸光阴一寸金，不能在刹那间退转忽视制茶之妙，体悟妙道之紧要则是要靠茶人的体会，才得知"圆虚清静之心"是由己身清心源起，是一种"圆虚"——是一种圆满如虚空的大圆镜智，才能有真空无相之本体。这种体认是不可思议的存在，具足了清静之心才能灵活应用，才能从欣赏之有形得无形生机。

　　明代诗人画家体认茶禅真如之光，将天地自然、阴阳日月、森罗万象，具足一理的品茗适时而绘，这也送给了今人在方寸笔墨学习明人茶席心境的心法。

四大才子爱茶终不悔

　　茶叶制作方法的变动，引动茶具的转变，茶席布置也由华丽繁复趋向隐逸清静。明画茶人的隐逸在画中不发任何语言。明画中茶室俭朴造就了简朴清静的茶席。明四大才子沈周、仇英、文徵明、唐寅等人的画中着墨巨深。

　　沈周（1427～1509，明代画家，长洲〔今江苏苏州〕人，字启南，号石田，又号白石翁、玉田生、有居竹居主人）、文徵明、唐寅（1470～1523，字子畏，六如居士、桃花庵主、鲁国唐生、逃禅仙吏）的茶画传世，描绘汲泉烹茶的画，著名的就有唐寅的《七言律诗》轴，透露"水为茶之母"的要件：钱穀（1508～？，明代画家，书法家，字叔宝，自号罄室子，吴〔今江苏苏州〕

明仇英《松亭试泉图》局部

人)的《惠山煮泉图》、沈周的《汲泉煮茗图》就描绘了江南文人以天下第二泉——惠山泉、第三泉——虎丘泉煮泉烹茗的实景。

茶画反映明人幽雅清静的品茶环境，仇英（约1498~约1552，江苏太仓人，字实父，一作实夫，号十洲，寓居苏州）《松亭试泉》、唐寅《品茶图轴》、文徵明《品茶图》、李士达（1540~1621，明代吴县〔今江苏苏州〕人，字通甫、通父，号仰槐、仰怀、石湖渔隐）《坐听松风图》皆见到明代文人喻品茗追求的人生理想境界——清幽自在。这些画作也体现了一切茶事所用之处皆同禅道，自无宾主之茶，体用露地数寄，而无宾主之茶，实指宾主融为一体，在无压力下自然进行茶席。

明文人无宾主之茶，在文徵明之《品茶图》中体悟宾主相见，谁是来往的客人？谁又是坐稳的主人？茶让宾主交融，无为自然的茶席正是无宾主之茶。

明唐寅《品茶图》轴局部（上）
明沈周《汲泉煮茗图》轴局部（下）

绿茶带来怎样的感动

文徵明的《品茶图》，在草席内两人对坐品茗，上置一壶两杯，茶寮灯火正旺，童焗火煮茶，后有茶叶罐。这是一幅文人茶会图。茶室简朴清静，傍溪而建，没有富丽堂皇，芳草屋反映茶室的俭朴。图题诗云："碧山深处绝纤埃，面面轩窗对水开。谷雨乍过茶事好，鼎汤初沸有活也。"这位自喻"吾生不饮酒，亦自得茗醉"的文人，在自己茶室里与好友清谈。

明茶画写真了当时茶席盛况：文徵明的《品茶图》，长案上一壶两杯极简茶器，是沉潜于深层的永恒，是隐逸带来雀跃，否则怎会为茗而醉？何等茶汤令他倾倒？新的制茶法，绿茶的清纯正引动文人深层永恒的追求。

隐逸在壶与杯相遇、散发着温柔气氛的茶席里，有种"举世皆浊我独清，众人皆醉我独醒"的感怀，对山水自然及文艺有独特的审美，具有抒发自我、脱俗独赏的特点。

明代制茶多样性，喝法、泡法大放异彩，著茶书抒己见更成为历代之冠。

明代品茗标准严格

明人茶书承先启后引动后人阅读，兹列举如下：钱椿年（生卒年不详，明代茶人，字宾桂，江苏常熟人）撰、顾元庆（1487～1565，明代文学家，字大有，长洲人，家阳

明文徵明《品茶图》局部

山大石下,学者称曰大石先生)校《茶谱》一卷(1541);陆树声(字与吉,别号平泉。华亭〔今江苏松江〕人)《茶寮记》一卷(1570年前后);屠隆(1541～1605,明代文学家,字长卿,又字纬真,号赤水,别号由拳山人、一衲道人、蓬莱仙客,鄞县〔今宁波〕人)《考槃余事》(1590年前后);张源《茶录》一卷(1595年前后);许次纾《茶疏》一卷(1597);程用宾(生卒年、生平不详)《茶录》四卷(1604);熊明遇(1579～1649,明代工部尚书,字良孺,号坛石,南昌进贤县人)《罗岕茶记》(1608年前后);罗廪《茶解》一卷(1509);屠本畯(生卒年不详,明代学者,字田叔,号幽叟。浙江鄞县〔今宁波〕人)《茗笈》二卷(1610);陈继儒《茶董补》二卷(1612年前后);闻龙(生卒年不详,字隐鳞,一字仲连,晚号飞遁翁,浙江四明人)《茶笺》(1603年前后);周高起(生年不详,1654年卒,字伯高,江阴〔今属江苏人〕)《洞山岕茶系》一卷(1640年前后);冯可宾(生卒年、生平不详)《岕茶笺》(1642年前后)。

综观明代茶书品茗论述十分规矩,揭示了茶的制作、茶器的使用、茶的泡饮,又明人泡饮在茶叶制法改变后茶器的变革随之而起,明代茶人的亲身体味,今人用心体悟自可见其涌现的风雅之趣。

先放茶还是先放水

张源《茶录》写明人"泡法"记载:

明代太监墓出土紫砂壶、杯(上)
大英博物馆藏明紫砂菊瓣纹壶(下)

"投茶有序，毋失其宜。先茶后汤曰下投；汤半下茶，复以汤满，曰中投；先汤后茶，曰上投。春秋中投，夏上投，冬下投。""探汤纯熟，便取起，先注少许壶中，祛荡冷气，倾出，然后投茶。茶多寡宜酌，不可过中失正。"

先放茶或是后放茶，牵引茶释放单宁的快慢，明人的精心观察令今人惊艳。

屠隆《茶说》中说："凡烹茶，先以热汤洗去尘垢冷气，烹之则美。"陈师《茶考》中说："烹茶之法，唯苏吴得之。以佳茗入磁瓶火煎，酌量火候，以数沸蟹眼为节，如淡金黄色，香味清馥，过此而色赤不佳矣。"

许次纾《茶疏·烹点》中提到："未曾汲水，先备茶具，必洁必燥，开口以待。盖或仰放，或置磁盂，勿竟覆之案上，漆气食气，皆能败茶。先握茶手中，俟汤既入壶，随手投茶汤，以盖覆定，三呼吸时，次满倾盂内，重投壶内，用以动荡香韵，用以动荡香韵，兼色不沉滞，更三呼吸顷，以定其浮薄，然后泻以供客，则乳嫩清华，馥郁鼻端。"

如何动荡香韵，就是等同如何泡好茶？这也是从如何了解茶汤的隐秩序中，去解析明代品茗特色和所用茶器之特质。

泡茶用壶变小了

对茶汤的评价标准，张源《茶录》表述得最明白："香，茶有真香。有兰香、有清香、有纯香。表里如一曰纯香，不生不熟曰清香，火候均停曰兰香，雨前神具曰真香。更有含香、漏香、浮香、问香，此皆不正之气。色，茶以青翠为胜。涛以兰蓝白为佳，黄黑红昏，俱不入品。雪涛为上，翠涛为中，黄涛为下……味，味以甘润为上，苦涩为下。点染失真，茶自有真香，有真色，有真味。一经点染，便失其真。"

明青花壶耐人寻味

关于饮茶的方法,陆树声《茶寮记》"尝茶"说:"尝茶,茶入口,先灌漱,须徐啜,俟甘津潮舌,则得真味。"香茶入口之后,先要让茶汤在口中回转一下,然后再慢慢地咽下。明人主张饮茶时人数不宜过多。张源《茶录》中说:"饮茶以客少为贵。客众则喧,喧则雅趣乏矣。独啜曰神,二客曰胜,三四曰趣,五六曰泛,七八曰施。"品茶贵在精,一人独品是神,乃透过独享幽寂极针之妙,才能在赏茶时得真味!

泡茶用的壶也开始趋向于用小器。许次纾《茶疏·饮啜》说:"一壶之茶,只堪再巡。初巡鲜美,再则甘醇,三巡意欲尽矣。"改用精巧的白瓷小杯,许次纾在《茶疏·瓯注》中说:"茶瓯古取建窑兔毛花者,亦斗碾茶用之宜耳。其在今日,纯白为佳,兼贵于小。定窑最贵,不易得矣。宣成嘉靖,俱有名窑,近日仿造,间以可用,次用真正回青,必拣圆整,勿用龇龃。"

茶器的解析度

茶器是利茶之物，虽不需强求名器，为定窑之贵所迷惑；然，对茶器无穷的含蓄魅力却得懂得含蓄辨识，才知如何用来装饰茶席。而茶席的装饰并非用名器才会使茶席彰显分量，其价值在于茶主人对茶器和茶互慰的功能用心洞悉，再使每款不同茶器在茶席进行时得到充分发挥，由茶人和茶器的自性不乱，才能以器立趣，异于他趣。

白茶碗比起黑茶碗，更能将炒青绿茶的清澈表现出来。明人对茶杯的形状要圆整精致的要求，是由明代生活文化整体精美化的倾向和品质优良的炒青绿茶带动的。明人沏泡整叶的茶，将最后的茶渣扔掉，并讲究品别各地的名茶，享受味觉的愉悦。明人用小红泥炉、锡瓶烧水，用紫砂壶、小瓷杯沏泡茶。茶器攸关茶汤解析度，茶器是茶席的重要卡司。

疼惜用器的真情

《饮馔服食笺》记录有茶器十六器及总贮茶器七具，共二十三式。其中茶具十六器有：(1)商象／古召鼎也，用以煎茶。(2)归洁／竹筅帚也，用以涤壶。(3)分盈／杓也，用以量水斤两。(4)递火／铜火斗也，用以搬火。(5)降红／铜火箸也，用以簇火。(6)执权／准茶秤也，每杓水一斤，用茶一两。(7)团风／素竹扇也，用以发火（《茶笺》记为湘竹扇）。(8)漉尘／茶洗也，用以洗茶。(9)静沸／竹架，即《茶经》支腹也。(10)注春／磁瓦壶也，用以注茶。(11)运锋／劙果刀也，用以切果。(12)甘钝／木砧墩也。(13)啜香／磁瓦瓯也，用以啜茶。(14)

明青花高士壶（杭州中国茶叶博物馆藏）
苏州园林茶席（右页）

撩云／竹茶匙也，用以取果。（15）纳敬／竹茶橐也，用以放盏。（16）受污／拭抹布也，用以洁瓯。

总贮茶器七具：（1）苦节君／煮茶竹炉也，用以煎茶，更有行省收藏。（2）建城／以箬为笼，封茶以贮高阁。（3）云屯／磁瓶用以杓泉，以供煮也。（4）乌府／以竹为篮，用以盛炭，为煎茶之资。（5）水曹／即磁缸瓦罐，用以贮泉，以供火鼎。（6）器局／竹编为方箱，用以收茶具者。（7）品司／竹编圆提盒，用以收贮各品茶叶，以待烹品者也。

多样茶器是明人解构茶汤隐秩序的途径，今人可知即便全套备齐，却不晓以圆虚清静之心为器，那么世间所赏名器也不足为贵。喝一口茶，想着老子说的"不贵难得之货"，而以心索得茶席带来实相清静。明文人画《煮茶图》以清静之心所用之器表现在画境，想必是画家努力修行得受善器吧！

明宜兴大壶高雅气派（上）
明王问《煮茶图》局部（下）
明代生活茶人一体（右页）

从茶画看简洁的明代茗风

茶器多样，品茗茶席要懂得驾驭，以繁化简。这一点在明画中得以再现。

《煮茶图》画于嘉靖戊午（1558），以白描技法绘成，画面右边主人，席叶坐于竹炉前，正聚精会神挟炭烹茶，炉上提梁茶壶一把，右旁两罐，一上置水勺，罐内或贮山泉，以便试茶。主人面前，一仆收卷侍侧，一文士展卷挥毫作书，状至愉悦。席上备有笔、砚、香炉、盖罐、书卷、画册等。画面呈现文人相聚，论书品茗，弥漫书香、茶香的清雅悠闲生活，也是明晚期绘画常见的题材。

此画非常写实地将晚明文人用器聚之一堂，无论茶器、文房用具或是瓷器盖罐器型，皆与嘉靖时期器物相符。竹炉上的茶壶与江苏南京出土的嘉靖十二年（1533）太监吴经墓里的提梁壶的提梁形制基本一样；而壶身又与福建漳浦出土的万历四十年（1612）工部侍郎卢维桢墓中鼎足盖圆壶极为接近。

谢环（生卒年不详，字廷循，一字庭循，号乐静，浙江永嘉人）《杏园雅集图卷》、唐寅《琴士图卷》、仇英《东林图》，一直到明末李士达《坐听松风图》，品茗茶瓯的盛行与观赏茶色有关。如许次纾《茶疏》、文震亨（1585～1645，字启美，长洲人）《长物志》、屠本畯《茗笈》书中提到茶瓯、茶盏均以洁白、纯白为上，可试茶色；茶壶则以砂者为上，既不夺香，又无土气。所以画中的茶器，跟着当时流行的实用器走。紫砂壶的登场，呈现了品茗利器的雄姿，或成为明以降的主流，而壶的形制由大到小，攸关茶的滋味，这也是茶人感受之情发乎于心！

用哪种茶杯喝茶

明代以后的泡茶法，茶壶居主要地位，明

晚期以后的文人认为茶壶的大小、好坏亦关系到茶味,此为唐宋茶器未曾有的现象。明人重视江苏宜兴所产壶,文震亨即在其《长物志》中说:"茶壶以砂者为上,盖既不夺香,又无熟汤气。"冯可宾在《岕茶笺》中亦说道:"茶壶,窑器为上,又以小为贵,每一客壶一把,任其自斟自酌,才得其趣。……壶小则味不涣散,香不躲搁。"故而宜兴所产紫砂、朱泥小壶,自明代以来人气不减。

壶小味不涣散与泥料、形制有关,相对小壶的饮杯也起了形制大变革。

从历史文献中我们看得到:明代品茗重视的是青花杯或是白釉小盏,这一时期的品茗风格、茶器使用影响到日本煎茶道风格,并连动影响了闽南、广东与台湾使用小壶小杯的品茗风格。

品茗与用杯息息相关,同一泡茶用不同杯装盛,所得滋味不同。要求形制大小的实用功能,心灵的茶会更见悠远。

幽人长日清谈

朱 权(1378~1448,明代学者,字癯仙,号涵虚子、丹丘先生,自号南极遐龄老人、大明奇士)在《茶谱》中说:"'茶饮'本是林下一家

明式文人浪漫茶席(上)
明壶与三杯茶席(下)

生活，傲物玩世之事，岂白丁可共语哉。子尝举白眼而望青天，汲清泉而烹活火，自谓与天语以扩心志之大，符水火以副内敛之功……茶之为物，可以助诗兴而云山顿色，可以伏睡魔而天地忘形，可以倍清谈而万象惊寒，茶之功大矣。"

朱权在《茶谱》中以茶寄述忧愤之情。万历进士屠隆（1542～1605）在《考槃余事·茶笺》中则把饮茶当作"幽人"首务："茶寮，构一斗室，相傍书斋，内室茶具教。教一童子专主茶役，以供长日清谈。寒宵兀坐，幽人首务，不可少废者。"表现出脱俗独赏的文人情怀。

朱权在《茶谱》中列有品茶、收茶、点茶、薰香茶法、茶炉、茶灶、茶磨、茶碾、茶箩、茶架、茶匙、茶筅、茶瓯、茶瓶、煎汤法、品水等十六个项目。"茶灶：古无此制，予于林下置之。烧成瓦器如灶样，下层高尺五为灶台，上层高九寸，长尺五，宽一尺。傍刊以诗词咏茶之语。前开二火门，灶面开二穴以置瓶。顽石置前，便炊者之坐。"从茶灶的叙述对尺寸、质地、功用均考察严谨，细察毫厘，体现了文士精益求精的精神。

明永乐年款杯（高仿）入茶席（上）
明民间青花瓷壶大气（下）

朱权在《茶谱》中说："凡鸾俦鹤侣，骚人羽客，皆能志绝尘境，栖神物外，不伍于世流，不污于时俗。或会于泉石之间，或处于松竹之下，或对皓月清风，或坐明窗静牖。乃与客清谈款话，探虚玄而参造化，清心神而出尘表。命一童子设香案携茶炉于前，一童子出茶具……"品茗环境能忘绝尘境，当是茶席最佳设置地点，现代人好生羡慕。

琴棋书画有茶伴

朱权《茶谱》的茶席正是一次骚人羽客的雅集，由童子设案汲泉，碾茶煎汤。茶点好之后，由童子捧案，主人亲自举瓯奉给客人，茶会的情景与明代画家陈洪绶（1598~1652，字章侯，号老莲、悔迟，浙江人）所画《品茶图》，具足品茗妙趣。

《品茶图》中有两位文士对坐于山石，双手拿白瓷杯。一位文士身旁置有茶壶、煮水器、茶炉。茶炉中的火正旺，一碗茶饮尽，开始一场琴棋书画的清赏。

茶成为文人们的读书伴侣与清谈之友，也是琴棋书画的良伴。茶，使琴棋书画、清赏雅集的连贯有了成效。今日茶席，以品茗之类别搭配不同曲风，找寻乐器之风韵来应和茶汤滋味，则是今人追随古人的生活余韵。

明人设茶席以蒸青的散茶为主导，用壶和用杯变小，是一款聚集用心之中道，唯有用圆虚清静之心，观明画、体诗趣，才得修悟茶人心中的茶席曼荼罗！

明德化杯的魅力

7章
[清代茶席]
经典豁达

清代仍饮散茶。受到清皇室爱茶的激励，御制茶器乍现光华，皇帝用的茶器留存，以及天子爱茶留下歌咏品茶的诗词，显然与民间文人雅士品茶情境各富趣味。不变的是爱茶的心和珍视茶器的情。沿继唐宋时期的茶盏而盛用盖碗（又名『焗盅』『盖钟』，即今称『盖杯』），成为清代品茗用器新宠；另一沿习明代茶器以小为贵的体认，造成『景瓷宜陶』大格局，来自江苏宜兴的紫砂壶，以及江西景德镇的瓷器，已蔚为品茗必备用器，而从此出发的清代茶席跃现豁达的气息，上自皇帝下至贩夫走卒，各拥一片天空。茶器也出现了『景瓷宜陶』之外的潮汕功夫茶壶的品茗系统，茶担。

皇室茶器的惊艳呈现茶席的贵气，民间陶茶器的常民拙趣，真实道尽茶入平凡百姓的常民化，这也是今日茶走向大众，在各阶层生根的契机。茶席的经典在皇室，常民的经典在街头巷弄飘香！

皇帝爱茶引动名人效应

冯可宾的《茶笺》说："茶壶陶器为上，锡次之。"文震亨的《长物志》说："茶壶以砂者为上，盖既不夺香，又无熟汤气。"李渔（1610~1680，明末清初文学家，初名仙侣，后改名渔，字谪凡，号笠翁。生于雉皋〔今江苏如皋〕）的《杂说》说："茗注莫妙于砂，壶之精者又莫过于阳羡，是人而知之矣。"日本奥兰田的《茗壶图录》说："茗注不独砂壶，古用金银锡瓷，近时又或用玉，然皆不及于砂壶。"宜兴、阳羡均指同一地，又等同紫砂代名词，它曾引领台湾风行数十年宜兴壶热，创下抢购收藏风，是上行下效的现象显影。

紫砂器进贡朝廷，始自清康熙皇帝（1654~1722，满族，清朝第四位皇帝）。他用的宜兴胎茶壶和紫砂胎茶碗施有珐琅彩。康熙皇帝博学多才，喜欢西洋传入的珐琅彩，清宫藏有康熙时期的金胎、铜胎、银胎、玻璃胎、瓷胎与宜兴紫砂胎等不同质地的画珐琅制品。清初的紫砂精品较明代泥质细腻，色泽温润，康熙时由宫中造办处出样图，到宜兴烧好素胎，造办处珐琅作再用御用画家的画稿画珐琅彩，用小炉窑烘烤而成。

现藏台北故宫博物院有"宜兴胎画珐琅五彩四季花卉方壶""宜兴胎画珐琅五彩四季花卉

景德镇瓷壶粉彩样式多姿
清代茶席宜兴壶器是要角（左页）

壶""宜兴胎画珐琅五彩万寿长春海棠式壶""宜兴胎画珐琅花卉盖钟""宜兴胎画珐琅彩五彩四季花盖碗""宜兴胎画珐琅三香三果花茶碗""宜兴胎画珐琅花卉纹茶碗"等见于《珐琅、玻璃、宜兴磁胎陈设档案》共十九件,这些宜兴胎在宜兴烧制后,再由清宫造办处由宫廷画师加彩低温二次烧成,宜兴胎的皇室茶器不脱富贵,以吉祥花卉衬出茶器外显容貌,珐琅彩茶器影响清景德镇官窑,此后在瓷土上创制了粉彩五彩茶具,这些令视觉效果满是惊艳的茶器是皇室茶席的主角,更是民间竞相仿制的对象。同样是茶,用器不同,品茗者不同,对茶的释意,出现饶富的情趣!

宫里都喝什么茶

皇帝品茗与百姓有什么不一样?

清宫饮茶实景从清代画中可得知,康熙时的《耕织图》《养正图》,雍正时的《雍正像耕织图册》,乾隆时的《太平春市图卷》《十二月令图轴·二月》《汉宫春晓图卷》《泛舟煮茶图》《乾隆雪景行乐图轴》《弘历中秋赏月行乐图轴》皆可见皇帝与后妃们于宫园烹茶品茗的风雅活动,有多人的雅集,有独啜的场景,茶器系内府造的官窑器,其中壶器与杯器正迈向制瓷巅峰的极致,使用便利的盖碗成为新宠!同时茶的进贡上朝也受到皇室激励,而呈多元面貌。

《康熙朝官中奏折档》记录贡茶有福建武彝(夷)山产的"岩顶新芽"、江西产的"林芥雨前芽茶",以及云南产的"普洱茶"及"女儿茶"等。

玉制盖杯观赏大于实用(上海博物馆藏)(上)
宜兴出土清初茶叶罐(杭州中国茶叶博物馆藏)(下)

超人气茶器——盖碗

雍正皇帝喜品茗,由《雍正朝宫中奏折档》中看到的贡茶有"武彝莲心茶""芥茶""小种茶""郑宅茶""金兰茶""花香茶""六安茶""松萝茶""银针茶"等多种。

雍正皇帝欣赏紫砂茗壶。《清宫造办处各作成做活计清档》记载:"雍正四年十月二十日,郎中海望持出宜兴壶大小六把。奉旨:此壶款式甚好,照此款打造银壶几把、珐琅壶几把。其柿形壶的把子做圆些,嘴子放长。钦此。"可知雍正朝宫中不仅有紫砂茗壶,而且有多种多样材质的壶。

雍正还多次命景德镇官窑照宜兴壶式样烧瓷器:"雍正七年闰七月三十日郎中海望持出素宜兴壶一件,奉旨:此壶把子大些,嘴子亦小,著木样改准,交年希尧烧造。钦此。""八月初七据圆明园来帖内称,润七月三十日,郎中海望持出菊花瓣式宜兴壶一件。"雍正朝仅存十三年,雍正元年、四年、六年、七年、十年、十一年造办处档案中提到宜兴紫砂的地方就有十一次之多,表明雍正皇帝对于紫砂壶的欣赏。

盖杯,盖、碗、托三位一体(左)
红泥炉、玉书碾、功夫茶(右)

乾隆皇帝嗜茶亦雅好文人品茶，在各处行宫设有专为品茗的精舍，他经常品尝的有"三清茶""雨前龙井茶""顾渚茶""武夷茶"。

茶种多样化，茶器款式也紧跟着丰富起来。盖碗、茶碗、茶叶罐的发展就为了满足品茶外以壶为主流外的新选择。用盖碗品鲜嫩绿茶，既具发茶性又兼可赏茶在水中的身影。

乾隆皇帝一生嗜茶，要求紫砂茶具保留最佳的品饮功效，而且要与官窑瓷器一样，集诗书画印为一体。紫砂上的绘画与书法是用本色泥浆堆绘而成。乾隆御题诗烹茶图茗壶，有筒形、六方筒形、深腹阔底形、扁圆形、圆形、瓜棱形等六种形制。茶叶罐有筒形与六方筒形两种式样。泥色有朱砂红、紫红、栗色、深姜黄、浅粉黄、灰赭色等颜色。乾隆皇帝还喜欢将戗金、描金、模印、刻画、彩泥堆绘、地漆彩绘等不同技法运用于紫砂壶装饰。如紫砂绿地描金瓜棱壶呈现出比官窑粉彩器更强烈的装饰效果。

南北喝茶大不同

饮茶受到茶种特性影响而带动茶器使用，在清皇室的推动下而引发了民间的"名人效应"，加上地区性特质使得器物使用出现多元面貌。

外销紫金釉青花茶杯（左）
陈曼生创"曼生十八式"壶影响后世甚深（右）
船形茶托，有瓷、锡、铜等材质(中国茶叶博物馆藏)（右页）

北方多饮花茶，茶汤容量较多，不一次饮毕，为了保温，带托型盖碗及大茶壶的使用最为普遍；而南方闽粤地区则以"功夫茶"的泡茶方式为主，茶器以小型的茶壶、茶杯为多。清代的茶盏，以康熙、雍正、乾隆时盛行的盖碗最负盛名。

盖碗由一盖、一碗、一托组成，结构合理，且具有潇洒的装饰美。其敞口利于注汤，敛底利于茶叶积淀，加盖则利于保洁与保温。品茶时，一手托碗，一手持盖，在盖与碗的间隙处啜饮，并用盖拂去漂在水面上的茶叶，形成一种从容不迫，悠然自得的情趣。

盖碗为清代流行茶器，单件盖碗品茗方便，以茶入碗的方便却少了以壶泡茶的精致。源自明代的紫砂壶入清以后，拥有来自文人雅士注入的诗画创作体裁，让紫砂黛墨成为书画画面，而才气高傲的文人更群起以品茗、煮茶等主题留下品茗的永恒图像。

王翚的《石泉试茗》，金廷标（生卒年不详，字士揆，乌程人，画家金鸿之子）的《品泉图》，董诰（1740～1818，官大学士，浙江富阳人，字西京，号蔗林，一号拓林，董邦达子）的《复竹炉煮茶图》，阮元（1764～1849，乾隆年间进士，字伯元，号芸台，江苏仪征人）的《竹林茶隐图》，金农（1687～1764，清代画家，浙江杭州人，字寿门，号冬心）的《玉川先生煮茶图》，钱慧安（1833～1911，上海高桥人，初名贵昌，字吉生，号清路渔子，室名双管楼）的《烹茶洗砚图》等。汪士慎（1686～1759，安徽歙县人，字近人，号巢林，又号溪东外史）自述"茗饮半生千瓮雪，蓬生三径逐年贫"有"汪茶仙"之号。高翔（1688～1753，江苏甘泉〔今扬州〕人，字凤岗，号西唐、樨堂）为巢林作《煎茶图》："巢林先生爱梅兼爱茶，啜茶日日写梅花。要将胸中清苦味，吐作纸上冰霜桠。"

清代阮元《竹林茶隐图》中有"画竹林茶隐图小照自题一律"序："时督两广，兼摄巡抚印。抚署东园，竹树茂密，虚无人迹。避客竹中，煮茶竟日，即昔在广西作一日隐诗意也。画竹林茶隐图小照，自题一律。"他们都是将啜茶活动中的清苦味化做纸上体裁，是抒发感情的情境写照，更是一时作画的流行素材，在应用紫砂壶为画作媒介时的百花齐放局面，如今令人见壶欣喜，这也才正是所谓"名家壶"的价值所在！

壶上刻字最in

文人除了讲究品茗，要求壶形的大小及形状，符合实用功能之外，尚好形制古雅。以画入壶，茶香茗清，更能触动文人才思，在茗壶上铭题，进而投身制壶出现不少名人。

清代康熙年间，陈鸣远（生卒年不详，字鸣远，号鹤峰，一号石霞山人，又号壶隐，江苏宜兴人）为第一高手。周高起《阳羡茗壶系》是最早的紫砂专书；"正始——供春"。万历年间时大彬（生卒年不详，明末万历年间陶艺家，号少山，江苏宜兴人）、徐友泉（生卒年不详，明末万历年间人，名士衡，江苏宜兴人）、陈仲美（生卒年不详，明万历、

三人为品，小型茶席精致（上）
陈鸣远制壶（下）

天启间制壶高手,江西婺源人)、蒋伯荂(生卒年不详,名时英,客于苏州)等皆是一时制壶高手。郑板桥(1693 ~ 1765,名燮,字克柔,江苏兴化人)在壶上有诗云："嘴尖肚小耳偏高,才免饥寒便自豪。量小不堪容大物,两三寸水起波涛。"陈鸿寿(1768 ~ 1822,嘉庆时人,为西泠八家之一,号曼生,浙江钱塘人)设计壶式,相传有十八款,在壶身题上切壶、切茶、切情之铭款,亲自操刀铭刻壶上。

由陈鸿寿刻于壶上的铭文都是切壶、切茶、切景、切水,疏朗明秀,流畅隽永,启人心智,发人深省,耐人寻味。他的理念与影响与他合作的陶工,以及他周围的朋友僚属,使他们纷纷热衷参与曼生壶的设计制作,据传陈鸿寿与他的合作者们设计了壶样十八式,影响十分深远。自此,文人们找到一个抒发文心的方式,大家都来以壶寄情,参与设计,"曼生壶"大开"文人壶"的先河。艺术家们在壶坯上书法、题诗、绘画、刻章,与陶艺师共同完成作品,这样的例子在陈鸿寿以后的清代中后期就有不少,如朱坚、任伯年、吴昌硕等人,近人则有黄宾虹、唐云等。

任伯年名画上壶身

海上画派的名家如任伯年(1840 ~ 1896,早年名润,字次远,号小楼,后改名颐,字伯年,别号山阴道上行者、寿道士等,山阴〔今属浙江绍兴〕人)、吴昌硕(1844 ~ 1927,浙江安吉人,杭州西泠印社首任社长,初名俊,又名俊卿,字昌硕,又署仓石、苍石,多别号,常见者有仓硕、老苍、老缶、苦铁、大聋、石尊者)、胡公寿(1823 ~ 1886,名胡远,字公寿,改名长寿,字安定,号瘦鹤,又号横云山民、寄鹤、灵阿、鳖父,华亭〔上海市〕人)等人都在壶上留下鸿爪。其中吴大澂(1835 ~ 1902,原名大淳,字清卿,号恒轩、愙斋,吴

茶与古琴在园林对话

县〔江苏苏州〕人)更延请俞国良(1874～1939,原籍无锡)等名家至家中为其做壶,自铭其上,底上并盖有"窑斋"款印。现代砂壶大师亦与书画文人善,尝与吴湖帆(1894～1968,江苏苏州人,名倩,本名万,号倩庵、东庄,别署丑翼燕)、江寒汀(1904～1963,江苏常熟虞山镇人,又名庚元、石溪、上渔、寒艇)等合作石瓢壶。

《芥子园画传》《无双谱》及其他画本常为陶人之蓝本而移印壶上。这风气一直影响至清末民初,在茶壶上刻上字画。

文人参与茶器的创制,将字画镌刻在壶、杯器之间,让品茗风雅不只是对茶汤的满足,更大的精神愉悦来自欣赏每件茶器的身影,每件器表留下的字、画。流行造就了广大品茗族群的兴起,茶器制作的"景瓷宜陶"则带动了更多的茶器材质。

茶担子见证百年茶颜

自清代开始出现了福州的脱胎漆茶具，四川的竹编茶具，海南的椰子、贝壳等茶具，令人瞩目的是组合茶具：清代民间的"茶担子"，如扬州的"茶担子"又叫"游山具"，担子两头各有一个上中下三层的木框子，每逢担子一出，引来争相吃茶的人群。

茶担集合茶器，将品茗器的焦点集中。通过一件砖胎的茶担，再度找回清末闽南品茗活动的光彩。通过这一件盛放茶器的砖胎茶担，茶担留下来的搭配茶器：包括生火用具的红泥风炉与煮茶用的陶铫，以及盛茶用的锡罐，饮茶用的孟臣罐与若琛杯，足以看出品茶活动受中国潮汕功夫茶的影响。

梁实秋（1903～1987，现代学者，原籍浙江杭县，学名梁治华，字实秋）写《喝茶》提及功夫茶之事："茶之浓酿胜者莫过于功夫茶，《潮嘉风月记》中功夫茶要细炭初沸，连壶带碗泼浅，斟而细呷之，气味芳烈。……更有委婉卯童侍候煮茶，诸如铁观音、大红袍（均为闽南之名茶）……这茶有解酒之功，如嚼橄榄，舌根微涩，数巡之后，好像越喝越想喝，欲罢不能。喝功夫茶要有功夫，细呷细品，要有设备，要人扶侍，如今乱糟糟的社会，谁有那么多的功夫？……"

流行于广东潮汕的木雕茶担
（杭州浙江博物馆藏）

7章 清代茶席·经典豁达

砖雕茶担孕育百年茶颜

功夫茶席真功夫

梁实秋是现代的文学家，他爱功夫茶的美味，却不见得确实厘清所品茶种。他说"铁观音、大红袍均为闽南之名茶"，事实上只说对一半。大红袍应是产自闽北武夷山。梁实秋得靠别人泡茶给他喝，他自己可没这样的闲功夫。若是没有他人服侍，梁实秋可能也没办法品赏个中滋味。其实，品功夫茶还得靠自己下功夫，一步步操作，得先从认识潮汕茶器开始，才能知晓清茶席所孕育的多彩面貌。

关于潮汕功夫茶所使用茶器，俞蛟（1751～？，清乾嘉时期人，浙江山阴〔今绍兴〕人，字清源，号梦厂居士）《梦厂杂著·卷时·潮嘉风月》写道："功夫茶，烹治之法，本诸陆羽《茶经》，而器具更为精致。炉形如截筒，高约一尺二三寸，以细白泥为之。壶出宜兴窑者最佳，圆体扁腹，努嘴曲柄，大者可受半升许。杯盘则以花瓷居多，内外写山水人物，极工致，类非近代物。……"

功夫茶流行百年，不论演化萃取归纳的简化，都可在当年茶担、茶具和泡法中汲取精华，并注入成为今人茶席的元素。

潮汕功夫茶怎么泡

潮汕功夫茶泡法必须从火源、选水开始，然后煮茶、酌茶。研究潮汕茶品茗的陈香白先生，参照陆羽《茶经》从火水到器程序，对潮汕功夫茶的品茗方式，做了如下归纳：

潮汕壶与外销南洋瓷杯

潮汕功夫茶器怎么用

潮汕功夫茶有一套完整的茶具体系，这是得品好茶的一个重要因素。见表：

	潮州功夫茶法
取火	木炭最好，尤以绞只炭、橄榄核炭更佳。若松炭、杂炭、柴草等均不可用。
选水	选水标准本于《茶经》，而山水一项，等级区分更为细致：山顶泉轻清，山下泉重浊，石中泉清甘，沙中泉清冽，土中泉浑厚，流动者良，负阳者胜，山削泉寡，山秀泉神，其水无味。
煮茶（酌茶）	烹茶程序： 1. 治器。 2. 纳茶。 3. 候汤：一沸，太稚，称为"婴儿沸"，不宜用；二沸正好；三沸：太老，称为"百寿汤"，不可用。 4. 洗茶：首次注入沸水后，应立即倾出茶汤，以去除茶叶中所含杂质，倾出的茶汤废弃不喝。 5. 冲点：环壶口、缘壶边高冲。 6. 刮沫。 7. 淋盖。 8. 烫杯。 9. 洒茶：低洒，以避免茶香散溢，并防止泡沫丛生。洒茶时，必须各杯转匀，称"关公巡城"；又必须余沥全尽，称"韩信点兵"，此也为保持各杯茶味相同的重要措施。 10. 品茶：冲罐大小及杯数，一般视茶客多少而定。如茶客太多而杯数有限，则可分批转饮。 洒茶既毕，乘热人各一杯饮之。先闻茶香，接着一啜而尽，再三嗅杯底。

	潮州功夫茶具
生火用具	红泥风炉：师承《茶经》"运泥为之"之法，造型精巧瘦长，有炉盖和炉门，炉身除饰以图案外，或刻上铺号、产地，或在炉门两旁刻上对联。 炭筐。 炭刀：敲碎木炭。 铜筷或铁钳。
煮水用具	砂铫：由《茶经》瓷锅发展而成，精巧美观。
烤茶用具	这时用小方素纸包茶，一小包称一"泡"。偶或受潮，冲前将纸打开，连纸置炭火上烤炙，其目的是为了去湿起香。
盛茶用具	锡罐：视具体情况。
量茶用具	一般用小方素纸盛茶，倾入茶壶。如用"茶泡"，则不必另备小方素纸。
盛水、舀水用具	钱龙樽（水瓶）。 水钵：明代制用五金釉，钵底画金鱼。 龙缸：素瓷青花。 椰瓢。
饮茶用具	孟臣罐或盖瓯。 若琛杯或白玉杯。 茶洗或茶船。 茶垫。 茶盘。
清洁用具	竹筷：用以钳挑壶中茶渣。 茶洗：一正二副，正洗用以贮茶杯，副洗一以贮浸冲罐，一以储用茶渣及杯盘废水。或用茶船，兼有上述茶洗一正二副的作用。 茶巾：用以净涤器皿。
陈放用具	茶几(茶桌)：用以摆设茶具。 茶担：或称"茶挑"。贮装茶器，以备出游品茶之需。茶担木制，设计轻巧实用，为潮州金漆木雕之精品。

上列成套茶具和烹茶程序，在岁月淘洗下产生变化；但作为要角的茶器是红泥风炉，而装入成担的茶器——砖胎茶担诉说脱钩皇室宫廷华丽的民间艺人对品茗的一往情深。

潮汕功夫茶的泡法和使用茶具密不可分，以砖胎茶担来品茗，要有茶童随侍在侧，而这样的生活方式，也反映了主人必是有相当经济能力的社会阶层。

泡功夫茶朱泥壶最出名

功夫茶所用的壶，以紫砂泥料中的朱泥最为出名。宜兴的朱泥壶有名，潮汕一带也有以当地的土质特别是枫溪、风塘、浮洋、龙湖一带的泥料制成以手拉坯成型的壶器。

清中以前，这一类的壶制品往往以孟臣或逸公为名，并没有落下作者名号。1847年，吴英武在枫溪成立的"源兴号"，并用"源兴炳发""萼圃""萼圃督造""源兴炳记"的款识制壶。潮汕壶在台湾一般又称"南罐"。

潮汕壶胎薄轻巧，壶表上了泥浆釉。砖泥料的特殊结构具有过滤功能，能修饰茶汤中的单宁酸，使茶汤喝起来口感更滑顺，在泡饮焙火茶时可修饰茶的燥气，受到潮汕人的推崇，是流行于茶馆的主要茶器。潮汕壶的拉坯亦见陶工手艺之精，有别于宜兴壶的制法。

清代品茗活动的参与者由皇室到民间，由文人雅士到民间大众，凡是爱茶人都可根据自己独特感受品茶论茶。而多元的发展，对茶道中茶器的考究，也从昔日的皇室到了民间，创制的投入，品茗的原点只重茶的精致，抽离追求茶文化的肉骨，茶已是自然与人的融合媒介，而茶席带来了美学抒发与实现，还带来了茶人陶醉忘我的精神愉悦。

以民初朱泥壶泡台湾最高峰乌龙茶

8 章

[现代茶席]

入境随俗

茶席设在哪里,品茶的活动才得宜?周遭环境是风和日丽还是烟雨蒙蒙,抑或是室内摆设琴棋书画山石清供,或走入美丽场景或是茂林修竹共舞,贴近青山绿水!

茶席设在哪儿最好

将品饮的茶席设在自然环境中，和山林融为一体，当是现代茶席的浪漫情怀，是今人设置茶席的最佳选择。

大自然茶席讲究一款物境，即饮茶的客观环境。

在大自然中品茗，即是将饮茶的客观环境由室内转到室外，这种转换与变迁直接关系着茶境的品位。

大自然茶席让茶人由居室内的茶席环境，转入极致融入自然生态的调和当中。

大自然茶席包括了建筑物、植物、溪山、泉石……原来所带有的动感（dynamism），都被统合在茶席稳定的秩序中。

大自然茶席充满叙事能量，并非锐利奇景，而是茶人满溢生命的气息，完成大自然茶席创造的惊艳，或只是在茶席加上一束花草，或是在布满苔藓的石块上"盖"一座隐士茶席……如是便聚成品位寄居的茶席摆置，艺术经验撼动着独具的茶席物境美学。

以天地为茶席

茗舍、茶屋、茶亭、茶寮等等，都是文人隐入大自然茶席常提起的。陆羽在湖州"三癸亭"就是他与茶友的大自然茶席学习地点。当时陆羽与诗僧皎然相互品茗，参禅精进。皎然爱茶品茗吟诗，

竹经青苔舍 茶轩白鸟还
花诱茶境 引人入胜（左页）

郊野动感被融入茶席稳定中

在他留给后人追怀的诗词中,强调着品茗与自然的搭配。诗人留下的诗词都将当时该茶席称为"物境"。

皎然《五言渚山春暮会顾承茗社联句效小庚体》联句诗,说着在茗舍中的茶会、联咏。茗舍的环境是崔子向所说"湿苔滑行屦,柔草低藉瑟",十分幽清;茗舍的性质是陆士修所说"颇容樵与隐,启问禅兼律",宜于隐逸。张籍在《和左思元郎中秋居十首》中说:"菊地方通屦,茶房不圣阶。"茶室幽洁,自然朴素,藉地而设。

唐人在大自然中设茶席,茶人茶客置身于大自然中,首先和自然景色相融相造。"松声冷浸茶轩碧""香阁茶棚绿巘齐""竹经青苔舍,茶轩白鸟还"。青苔、竹林,加上飞过的白鸟,大自然茶席让人潜吟相伴。

曾瑞在(生卒年不详,至顺年间已七旬,字瑞卿,家世平州〔今河北卢龙〕人,一说大兴〔今北京市大兴〕人)《村居》中说:"量力经营,数间茅屋临人境。车马少得安宁。有书堂药室茶亭,甚齐整。"书堂、药室、茶亭三样都有,山家清事可谓备矣。茶的物境营造着大自然茶席的安宁祥和,才能在平静田园尽享品茗乐事。

陆树声《茶寮记》:"园居敝小寮于啸轩埤垣之西,中设茶灶,凡瓢汲罂注濯沸之具,咸庀择一人稍通茗事者主之,一人佐炊汲,客至则茶烟隐隐起竹外。"表明旧时茶人会特意经营、选好茶席位置。

茶室境小而景幽

　　茶室是根据茶的特性而设计的,要使人感受茶的精神与氛围。茶室境小景幽,坐于茶室,身心便自然归于安宁静寂。茶人进入茶室,受特定环境的影响会更自觉地遵守茶人的言行规矩,也加深了茶道的气氛。茶室布置得精美文雅,有书、画、插花等可供欣赏,增添了品茗时的美感,这时茶席不再只是茶席,而是品茶的另番天地了。

　　屠隆《茶说》中专有一条说"茶寮":"构一斗室,相傍书斋。内设茶具,教一童专主茶役,以供长日清谈,寒宵兀坐,幽人首务,不可废者。"反倒是自然景观中的植物更能增添好滋味。

　　物境的房舍,成为大自然茶席的重点是周遭自然植物,竹松最惹人爱。

柔草低吟悠闲茶香(左)
物境优雅释放的茶席(右上)
自然野趣,茶席最佳调剂(右下)

松竹茶席最合味

　　选择什么植物以入茶境，关系着茶境的文化品位和对茶境文化意蕴的理解导向。古代文人对茶境植物的选择极其精严，宜茶的植物主要有竹、松两种。

　　历代的诗文中对竹下品茗设茶席的描写特别多：唐代王维（701～761，太原祁〔今山西省祁县〕人，字摩诘）："茶香绕竹丛"；唐代钱起（722～780，吴兴〔今浙江省无兴县〕人，字仲文）："竹下忘言对紫茶"；宋代陆游："手挈风炉竹下来"，宋代张耒（北宋诗人，与黄庭坚、晁补之、秦观并列苏门四学士）："蓬山点茶竹阴底"；元代马祖常（1279～1333，字伯庸，出生于光州）："竹下茶瓯晚步"；明代高启（1336～1374，长洲〔今江苏苏州〕人，字季迪，元末明初"吴中四杰"之一）："竹间风吹煮茗香"。

　　竹有清香，与茶香相宜。"茶香绕竹丛""竹间风吹煮茗香"，竹下烹茶品茗，茶香飘荡，文人高风亮节无竹令人俗的况味自然涌现。

茶席自然朴素藉地而设（上）
苔藓上的隐士茶席（中）
茶席之名表层外　内涵见真情（下）

竹之外，古代文人好于松下煮茶。唐人王建（大历进士，颍川〔今河南许昌〕人，字仲初）的"煮茶傍寒松"；宋人陆游的"颇忆松下釜"；元人倪云林（1301～1374，字元镇，又字玄瑛，别号荆蛮民、净名居士、朱阳馆主、沧浪漫士、曲全叟、海岳居士）的"两株松下煮春茶"；明人沈周的"细吟满啜长松下"等，他们选择松下烹茶品茗，乃受禅茶相通。

松与僧谐音，有着较浓厚的佛教文化背景，于是松下啜茶，体会一种僧境与僧性。苏轼的"茶笋尽禅味，松杉真法音"，即将茶与禅、松与法音之间的关系做了明确的关联，对于普遍具有禅悦情怀的文人来说，松下饮茶是魅力的指标。

茶席上放花合适吗？

花境既不宜茶，而又宜茶，这是怎么回事？

花不宜茶是由于花太艳、太丽、太喧、太浓。这与茶的幽、静、冷、淡、素的特性是不相符的，甚至是相对的。故从一般意义上来说，饮茶对花是一种煞风景，是不对的！文人对花宜茶不宜茶有这样说法：

李商隐（约813～858，唐代诗人，原籍怀州河内〔今河南沁阳〕人，字义山，又号樊南生）《杂纂》中将"对花吃茶""煮鹤焚琴"等称为"煞风景"。王安石（1021～1086，北宋文学家，江西临川人，字介甫，号半山，封荆国公）也认为花不宜茶，主张"金谷看花莫漫煎"；明代田艺蘅（生卒年不详，字子艺，钱塘人）《煮泉小品》中说："余则以为不宜矣。"

茶事导引 茶器为主

然而，有人持反对意见，认为花也宜茶。首先，从审美的角度看，花不仅具有色美、香美，而且还具韵之美，明人曹臣在《舌华录》中即说"花令人韵"，韵是一种极具艺术化的气质之美。

花宜茶，插花入茶席成为现代茶席与大自然机能的结合，以花入茶席增添美的意象。

竹、松、花入茶境、入茶席，有了自然之乐，但若能将茶席位移在自然之境，使自己沐浴在大自然茶席中，更能享受野趣茶味。

走出户外泡茶去

携带茶箱茶器到户外，到一片新绿烂漫的时节里铺好茶席，这时可依季节气候变化来安排不同茶席。事先准备适宜茶器和茶，赴往自然野趣中，并对每回茶席予以命名，正是现代人的休闲新茶趣。

由中国茶道传承演变出来的日本茶道，在茶席表现方面，历经表千家或里千家派别有计划性地推动，茶道活动已具仪轨。细分说明如下：因气候安排的茶席

活动——在季节方面有迎春日到来的"新绿"，立夏的茶席因使用风炉而称"初风炉"，秋日赏月茶席叫"月见"，适逢赏枫叶之时叫做"红叶狩"；到了晚秋，茶席使用旧茶而称"名残"。茶席之名不是表层的形式问题，而是探索茶席融入户外空间的本质和气氛，这正是大自然茶席的风情，又成为现代茶席所企求的理想境界，就由季节时序进入吧！

　　季节茶席的创造性激荡着茶人血肉的同时，也会激发出新的生命层次，那些茶席摆放只限茶器难有生命力，茶人将茶器视为有生命的物品，茶席正是将茶器生命沉潜于深层中的永恒。事实上，无论茶席在室内或在室外，都隐约可见茶人注入其中创造性的触媒，让生命在茶席的触媒中产生许多可能。

任何场地都可以办茶席

　　茶席首重环境，就是所谓"物境"，亦即茶席的环境必须区分出宜用与不宜用，这是古人早已注意到的。徐渭（1521～1593，浙江山阴〔今绍兴〕人，字文长，号天池，晚又号青藤道人）在《徐文长秘集》中条列出"茶事七式"的情境："宜精舍、宜云林、宜永昼清谈、宜寒宵兀坐、宜松月下、宜花鸟间、宜清流白云、宜绿藓苍台、宜素手汲泉、宜红妆扫雪、宜船头吹火、宜竹里飘烟。"

　　寒宵、松月、花鸟、清流、白云、绿藓、苍台，每两句一词，彻底颠覆茶物境衰败的流失，在寒宵的静与清流的动，在松月与白云的升决，在绿藓与苍台的

茶席见枫红（上）
清流是静，也是动(左页左)
松下烹茶　禅茶相通(左页右)

以植物饰茶席

二元对立相容,在品茗愉悦迈向表现之途,物境是被善意累积与结合而被期待的,那意味着茶席所要求的机能:在茶人的寻觅后达到一个和谐的气氛,那就是一种"宜茶"之境。

中国茶人对于宜茶之境做了解释,此期宜茶之境多一些,带出品茗情境的随缘性……由心境、物境、事境、时境、人境提出了"宜茶十三境"。冯可宾《岕茶笺》中说:"无事、佳客、幽坐、吟咏、挥翰、徜徉、睡起、宿醒、清供、精舍、会心、赏鉴、文童"等境宜茶。

好心境宜茶

物境自然优雅释放的气氛,在山之巅、水之涯,在远山,在近水,对茶人而言,达到大自然茶席的极致,必由心中的精神愉悦贯穿,才能在大自然茶席漫步中获得茶趣。展示茶趣的源本是茶席,而在中国事实茶道中却很少涉及茶席。关于茶席、时序与自然相贴近的规则记述不多,反而是求诸于野的日本已有相当规制。

茶席跟着时序走

如同日本茶道中的"茶事七式"的说法,是走进大自然茶席的导引。"茶事七式"的七种茶事名为:正午、夜咄、朝、晓、饭后、迹见、不时。

"正午茶事"始于中午十一二点的茶事,大约需四个小时,是最正式的茶事,全年均可举行。

"夜咄茶事"在冬季的傍晚五六点开始举行,大约需三小时,其主题是领略长夜寒冬的情趣。

"朝茶事"在夏季的早晨六点左右开始举行,大约需三小时,主题是领会夏日早晨的清凉。

"晓茶事"一般在二月的凌晨四点左右开始举行,大约需三小时,其主题是领略拂晓时分曙光的情趣。

"茶事七式"由时序季节进入茶的感官之旅,每一式的时序都和大自然奏鸣互映。

繁复的茶席"七式",其实是以茶器与茶为界面,酝酿艺术气氛让人心交流;时序与品茗的自然物境原是中国人独享的品位。张岱(1597~1679,明末山阴人,字宗子,又字石公,号陶庵,别号蝶庵居士)《陶庵梦忆》说:"雾凇沆砀,天与云、与山、与水,上下一白。湖上影子,惟长堤一痕,湖心亭一点,与余舟一个,舟中人两三粒而已。"茶人入夜孤舟,拥炉赏雪,与三二知己温酒烹茶自是一番风情,令他抒怀不已的天与云、山与水,不正是大自然供人的好伴侣。山林之趣正是大自然茶席的最高境界。

物境入茶(左)
茶席人心交流(右)

大自然茶席的注意事项：

　　水源，在户外取水，若有井水或山泉水将为首选。水对茶而言，是精茗蕴香，借水而发，无水不可论茶！

　　火源，在户外煮水，带来炭在郊野煮水，可利用泥炉，或可取废木烧水，然烟味窜水味易损茶。现代人过野趣生活，露营的配套煮水器，可移动而方便地使用，煮水最应体味陆羽所说的水要嫩，不宜煮老。明人张源的《茶叙》做了注脚："汤有三大辨十五小辨，一曰形辨，二曰声辨，三曰气辨，形为内辨，声为外辨，气为捷辨。如蛙眼、蟹眼、鱼眼、莲珠皆为萌汤，直至午声，方是纯熟如气泡一缕、二缕、三四缕、及缕乱不分，氤氲乱缕，皆为萌汤，直至气直冲贯，方是成熟。"

　　大自然茶席首重携带茶器的方便与安全，另就水源与火源的准备都要做好规划。

　　用盖杯品茗，最得真味。盖杯一式三件，盖杯泡法分五步骤，如下页图示及说明。

盖杯的泡法：
*盖杯泡茶步骤：温杯→置茶→注水→浸泡→注茶。
A 用100毫升的盖杯泡茶，配以25毫升的瓷杯。
B 注水前先温杯。
C 置茶量以铺满杯底为原则。
D 浸泡时间约两分钟，可视口味浓淡做调整。
E 注茶须注意手指的耐热度，以及注水速度的快慢。

　　盖杯的置茶量会因不同的茶类而做调整，是必须注意的地方。

　　用盖杯有利携带，可放入铺棉包壶巾内，以防碰撞。另品茗杯宜小，薄胎瓷杯挂香高，在野外与自然山林清新空气中更传真味！

盖杯泡法
A 瓷制盖杯，释茶真味
B 温杯，要彻底
C 置茶量可依个人口味
D 注水不宜猛烈
E 提杯，食指轻叩微倾斜

9 章

[生活茶席]

韵味故事

如何办好一场茶席？茶席情趣多变，每次根据季节、时序、主题来设置，然后选定茶席的地点，这时茶席主人就得开始安排茶席进行的程序内容，并制作邀请函。试以茶人雅兴协会在二〇〇七年八月五日的『韵味故事』来加以说明。

生活茶席韵味悠长

如何设定茶席的主题

以品茶之"韵味",加上茶席的地点为曾是大茶商陈朝骏别馆的台北故事馆,故取名"韵味故事",并依四席用茶的特色,安排出泡武夷茶铁罗汉之茶席,引品岩茶韵味而称"岩韵"茶席;泡三十年的陈年乌龙茶意旨品"陈韵"的茶席;用兰花熏制的花茶让"花韵"茶席窨香,取品时的意境而用为茶席之名;至于独具生动茶气的高山老树普洱茶,贵在茶能牵引品者之气脉生动,而命为"气韵"茶席。

茶席之名,浅显易引品者入境,若题画之名,应集其精华,萃得要义。

茶席邀请函直述了茶主人美的涵养素质,拥抱着一期一会茶席的缘分。必须写明的四大元素为:1.时间,2.地点,3.用茶,4.用器。如何在一场茶席飨宴中订出茶席的寓旨,非急就章可蹴成的。

明代《茶疏》中说最宜于饮茶的时候与禁忌是:"饮时:心手闲适 披咏疲倦 意绪纷乱 听歌拍曲 歌罢曲终 杜门避事 鼓琴看画 夜深茶语 明窗净几 佳客小姬 访友初归 风日晴和 轻阴微雨 小桥画舫 茂林修竹 荷亭避暑 小院焚香 酒阑人散 儿辈斋馆 清幽寺观 名泉怪石。宜辍:作事观剧 发书柬 大雨雪 长筵大席 繁阅卷帙 人事忙迫 及与上宜饮时相反事。不宜用:恶水 敝器 铜匙 铜铫 木桶 柴薪 麸炭 粗童 恶婢 不洁巾 各色果实香药 不宜近;阴屋 厨房 市喧 小儿啼 野性人 童奴相哄 酷热斋舍。"

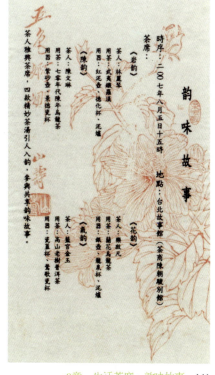

请帖是茶席精心的起端

泡什么茶搭配什么茶器

茶席主人在准备茶席之先,必须知道要泡哪一款茶,茶种不同,或烘焙、或存放等变动因素,而使得解构茶汤隐秩序时,得聚焦缩小到单一茶种,才泡得出精妙!

用茶也要考虑泡茶的季节、时序或主题,做微妙的调整,才能叫茶席情境合一。那么,用器的精准度就得靠日积月累才可见功力了!

"岩韵"茶席要泡出"岩骨花香",朱泥壶双球性结构在高温烧结后,最利激发岩茶的香气,又得红土砂岩土壤所孕育之岩韵风味。经由科学分析,朱泥壶或分以石英、云南黏土形成团粒之间的链状气孔,其结构提供壶良好的保温功能。

陈年乌龙茶要品出陈年的新鲜,将昔日乌龙茶粉香经由紫泥泛出新华滋味才能令人动容。紫泥泥料为首选,经过养土后制成壶器,泥质精实剔透,能保育陈年乌龙之精,又能激发乌龙茶细致的香气。《阳羡茗陶录》记载:"造壶之家,各穴门外一方地,取色土筛捣,窖其中,名曰养土。"亦可看出好壶之要件。

银器品出真滋味

泡兰花茶用银壶,概取银器传导性佳,是引导花香精确表达的途径。明《茶谱》记录鲜花窨茶的神妙,入茶的有橙皮、莲花、茉莉、玫瑰等。如何将花茶的养生妙用泡出真味,银器品茗益茶香,自唐宋

明青花龙纹小罐
用杯实用首重发茶性(右页)

以降就成为王公贵族品茗经验里的"阶级"。1993年四川彭城宋代金银器窖藏中出土了三件"葵形茶托",说明银制茶器自古以来的贵重与实用。

今人用银壶品兰花茶,承古传今的"韵味故事"得以传颂。

以银器品花茶,再用瓷器盖杯来释出高山老茶树的真滋味,就形成了"气韵"茶席的风格!

昔日,茶人爱茶办茶席,邀约时亦重茶客的精选。明罗廪《茶解》中说:"茶通仙灵,久服能令升举;然韵有妙理,非深知笃好不能得其当。"说明茶中蕴藏精妙道理,不深知茶性或不非常喜爱茶之人是无法理解其奥妙的。因此,邀约茶席对象应以爱茶之人为上。若是茶客为茶门外人,也可验证罗廪所说:"山堂夜坐,汲泉煮茶,至水火相战,俨听松涛。倾泻入杯,云光潋艳,此时幽趣,未易与俗人言者,其致可挹矣。"就如同来自浙江慈溪的茶人罗廪所言,云岚迷濛,

幽情雅趣，跟俗人是讲不清的，而高雅情致却触手所致，那么茶席座上客定成为茶席活动成败的关键人物。

茶席上有哪些禁忌

茶席所用茶器先载明于邀请函，按所记载进行茶席，活动时应避免触犯茶席的禁忌:古人在论茶时会有一些特别的"禁忌"，如今时空虽不同，但仍值得参考。

冯可宾写《岕茶笺》时列"禁忌"："不如法，恶具，主客不韵，冠裳苛礼，荤肴染陈，忙冗壁间案头，多恶趣。"直指茶席之间若茶器不对，主客之间没有共同情趣，茶席上摆上败人情致之物，则全列为禁忌。

其实，茶席上之茶器成为主客共同情趣，亦言为共同"话题"，在今日日本

茶会中已成为主要内容。据日本茶席原是唐物鉴赏之会，其茶会程序中赏茶器十分重要，这也是每次茶席中的议题，为了珍惜茶席中所见珍玩茶器所留下的记录，至今已成研究茶席重要文献，有：1408年的《北山殿行幸记》，1438年的《室町殿行幸御饰记》，1467年的《君台观左右帐记》，1523年的《御饰记》。

茶席中的重头戏——赏茶器

"赏茶器"成为今人考证昔日茶人茶席盛会的依据，当时由中国输入日本的茶道文物以"唐物"为名，重要茶席活动都会展示唐物以利鉴赏，为了清楚呈现的效果，还要讲述唐物分别在壁龛、长条案、多宝格上不同的摆放方法，因而茶器主题决不怠忽。

明屠隆在《茶说》中谈"择器"要诀："凡瓶要小者，宜候汤。又点茶注汤有应，若瓶大啜存，停久味过，则不佳矣。所以策功建汤业者，金银为优。贫贱者不能具，则瓷石有足取焉。瓷瓶不夺茶气，幽人逸士，品色尤宜。石凝结天地秀气而赋形，琢以为器，秀有在焉，其汤不良，未之有也。然勿与夸珍炫豪臭公子道。"

茶器要料精式雅，更要实用，这与日本鉴赏唐物重感受之细致有不同的欣赏标准。了解茶席中的赏器知识，赏器就显得更有滋味了。罗廪《茶解》中精辟分析器之重要："炉／用以烹泉。或瓦或竹，大小要与汤壶称。注／以时大彬手制粗沙烧缸色者为妙。其次锡。壶／内所受多寡，要与注子称。或锡或瓦，或汴梁摆锡铫。瓯／以小为佳，不必求古。只宣、成、靖窑足矣。筴／以竹为之，长六寸。如食箸而夹其末。注中泼过茶叶，用此夹出。"

解构茶种不同的隐秩序（左页上左）
银器解析力穿透茶韵（左页上右）
银器传送真味（左页下）
清锡制茶托（右）

茶器搭配的容量原则

罗廪认为，烹泉煮水的炉，应和汤壶即煮水器相称。注即注水之用的水注，这里他认为时大彬所制粗砂为妙，概因砂陶可滤除水中杂味。时大彬制壶用来当成注而非用来泡茶，传世品源自黄檗山万福寺隐元禅师所用的"紫泥罐"，罐底还留有过去炭烧过的痕迹，这也说明宜兴砂陶原当成注子或煮水壶的功能，同时期茶壶正以锡或瓦制为主流品。器具容量也影响到茶的滋味，配对的茶杯亦是如此，容水量也要搭配得宜。

同时茶瓯（今称茶杯或品茗杯）以小为佳，讲究的是宣窑、成窑、靖窑，指的是青花茶瓯的产制年代，当时最出名的是景德镇所烧制的，宣、成、靖，指的是明朝宣德年、成化年、嘉靖年所产的杯子，而非产地窑址。看来今日传世的这些年份的瓷杯，产地应指景德镇窑。

明人茶席用器之品位，每件茶器均有来历，这也是摆设茶席用器之妙所在！茶席之美，借由茶器眺望虚灵到把玩赏器之真际，这也是从远去时代文物借来的美丽，茶席再次现出拙真天趣盈盈的境界。

用茶选器才得精妙

茶器身世成话题

茶席伊始，茶主人招呼茶客入席，这时茶客应就茶席所见茶器出处、来历掌故提问，这是茶客观察主人用心所在，这也是茶主人如何重新建立茶器赏玩到实用的体现。茶席所见正是主人以茶器作为创作元素的一次艺术呈现，通过主人巧妙配置，赋予茶器在茶席上的艺术价值。

主人与茶客的对话，将单一茶器机能超越原来用具与艺术作品藩篱与差异。以茶器共拥状态达成一种极致造型，在单纯茶席构成里，包含着茶器共构的空间产生的凛然美感。

茶器之美乃是寄居于实用性之中，茶席主人与茶客有着十分充足的对话。品茗赏器后就是赏茶。每次茶席的用茶拥有强大叙述——茶与器将要发生的故事，同一泡茶在不同的茶器中茶汤会出现不同色、香、味。如是观学习品茶色香味的，自有一番滋味上心头。

竹制茶勺与茶盏圈足

品色品香有一套

以品今日散茶中的绿茶为例，张源的《茶录》说得很贴切："茶有真香、有兰香、有清香、有纯香。表里如一曰纯香，不生不熟曰清香，火候均停曰兰香，雨前神具曰真香。更有含香、漏香、浮香、问香，此皆不正之香也。"

"茶以青翠为胜，涛以蓝白为佳，黄、黑、红、昏，俱不入品。雪涛为上，翠涛为中，黄涛为下。新泉活火，煮茗玄工。玉茗冰涛，当杯绝技。味以甘润为上，苦涩为下。"

色以青翠为胜，足证绿茶采时天候优良，不昏不雨，而区别香气首重"真香"，即表里如一的纯香，这也是今日分辨好茶的必备条件。若是茶乍闻扑香，少了一股甘蔗味即茶不正香也。味方面，以甘甜润喉为主。古人品茶见解好，但今人可更客观科学分析。然，品茶前应先品水。

好水是泡好茶的关键

"茶者水之神，水者茶之体。"张源在《茶录》的独到之见，这也说明"非真水莫显其神，非精茶曷窥其体"，茶因水显出神韵，水因茶而显露美姿，古人品茶在论品泉水就常见主观鉴水的品评，陆羽《茶经五之煮》中说："其水，用山水上，江水中，井水下。"今日品水当然不再以此标准来看，但综观历朝品水论点不外乎：

（1）水要甘、洁。宋蔡襄《茶录》："水泉不甘，能损茶味。"宋赵佶《大观茶论》："水

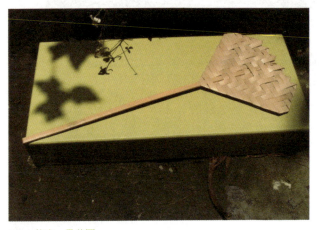

"云录作"刻款竹扇

以清轻甘洁为美。"明罗廪《茶解》:"烹茶需甘泉,次梅水。"

（2）水要活、清。宋唐寅《斗茶记》:"水不问江井,要之贵活。"明张源《茶录》:"山顶泉清而轻,山下泉清而重,石中泉清而甘,砂中泉清而冽,土中泉淡而白。流于黄石为佳,泻出青石无用。流动者愈于安静,负阴者胜于向阳,真源无味,真水无香。"

（3）水要注意贮存方法。明熊明遇《罗岕茶记》:"养水,须置于石子于瓮……"明许次纾《茶疏》:"甘泉旋汲,用之则良,丙舍在城,夫岂易得,礼宜多汲,贮大瓮中,但忌新器……水性忌木,松杉为甚,木桶贮水,其害滋甚,洁瓶为佳耳。"

什么是好水

品水在茶席中可用视觉、嗅觉与味觉来判定,即感官品水,品茶前第一杯品水,用视觉鉴别水的混浊度、色度,要求是清和洁;再者用嗅觉、味觉品水,要无色透明,无沉淀,无异味,而感官中无法感觉水中溶解的气体和矿物质。其主要成分是钠钾、镁钙等含量。

品水同时也包括了下列水质指标:（1）悬浮物,指经过过滤后分离出来的不溶于水的固体混合物的含量。（2）溶解固形物,水中溶解的全部盐类的总含量。（3）硬度,通常看成是天然水中最常见的金属离子钙、镁离子的总含量。（4）碱度,指水中含有能接受氢离子的物质的量。（5）pH值,是表示溶液酸碱性的一种方法。

自唐以来茶人品水专论,有唐张又新（字孔昭,工部侍郎荐之子,唐元和中,及进士高第）《煎茶水记》列刘伯当所品七水,陆羽所品二十水。宋叶清臣（生卒年不详,字道卿,苏州长洲人,天圣二年进士）《述煮茶泉品》一篇论述煮茶所用之水。明徐献忠《水品》

A　B　C

二卷（1554），此书分上下两卷，全书共约六千字。上卷总论，分源、清、流、甘、寒、品、杂说等七目；下卷论述诸水，自上池水至金山寒穴泉，共三十七目都是品评宜于烹茶之水的。

古人品水论茶，今人茶席活动岂能轻忽？茶席的主题与创见，选好茶配好器还得知水为茶之母，哪一好水配对茶才能使茶席生辉。

水，无色无味？当味蕾沉睡时。

水，甘、醇、甜、活！是味蕾开启时。

水，叫人学习心灵深处的微视，往水的简朴寻觅平静。水映出的自然化形象，水有幽隐的密度，让我在微弱的迹象中品饮水的显露意志。

从水的映象中，找到了自己的闲情和托词的遐思。尤其用水沏茶，才能念念水是茶的母亲，少了好水，就配不出茶的好滋味。

"好水泡好茶"听似广告词，却烙印心田。什么是好水？外观难以辨识，降伏对水的傲慢，用谦卑的心，安静面对，才知晓味蕾遭蒙蔽，忘却了水的幽隐里深藏光影交织的恋美。

品色品香的四大动作
A．置茶
B．注水入壶
C．提壶倒茶入茶海
D．茶海倒茶入杯
E．洗涤茶器保养青春

水中的微量元素会说话。每瓶水上市都会标示清楚，资讯却只是浮光掠影，开怀饮之，穿喉入肠，也就未曾留下太多印象，也就难寻水的相貌，更无法领略水微弱肌理的层层结构！

甘、醇、活、甜，品茶的滋味变换，是一阕四重奏，有了对位、和鸣，细品慢味，那曼妙轻舞，流转滋味在心田，品水也有韵律，谱出了：水的甘美、水的醇厚、水的活性、水的甜冽。

水的七情六欲

水的音乐性用味蕾"听"得到。才过端午节，我用午时水泡武夷茶，先试水甜冽甘美，这是午时水在节气中酿出的神妙，让人惊叹水的发茶精髓。武夷茶岩韵隐藏在午时水的柔顺之中，竟窜至品者的百会穴，带来通体舒畅。

水发茶，好水引动茶的本质，是相乘效果。好水曾被放在不同情境下拍下容貌表情，水的内心七情六欲竟可与人呼应，那么好好待水，领略水的意念才能叫水好发茶。办好茶席选好水，与选好茶，配上好器都同等重要。

哪里有好水？山泉和井水是自然涌现，经意取水是闲情恣意，用水源就有源源不绝的故事。曼妙地用温柔的眼静观，水让人返璞归真。在泉井水的套叠中，才懂得幽隐密度，才是用来区别喝水表面的肤浅，或是喝水深刻的体味。

茶水交融的因缘

体味水。官能价值受到阐明，产生沟通。茶席的茶人与茶客共同由味蕾表达。经官能感觉提出智性感受：水简朴的甘、醇、甜、活。

据言，中国文人泡茶用水，找人由南零提水，中途水打翻了，随机装满水桶，厉害的文人喝了一口说：这水，上半桶不是南零水。神话般地分辨了水的身份，在语意隐喻差异化中，充满哲思智慧。

泉井水纯净深刻，家中的水净化了是简化和谐的，幸福的人对哪里来的水有辨识的激励；也有品用自然的觉醒，才知晓水的真切，这反映了茶的美丽因缘。

好水难求，喝北京香山水，啜一二口明目清神；喝了杭州虎跑泉水，酥软滑口，

又再尝隔年午时水……拥水自重，单品是一种耽溺，品水惊艳不同，但以好水用来泡茶是美丽的浸润，茶汤放送赞叹：茶水的交融。

水便是土地的眼光，是它观察时间的工具，而穿过水的纯净，用它的晶亮，在茶的身上发现幽隐原点：甘、醇、活、甜。

古茶器焕新颜

煮水的技巧：

* 同样的水在煮时，会受到煮水容器及火源的影响。

* 不锈钢煮水器，或生铁壶，或银壶，各显特色，常常测试便知其中奥妙。

* 火源。燃气烧水较急切，电炉烧水比较温柔。

* 煮水时，火不宜过于猛烈，才能烧出温柔的水。

* 水在第一时间最润，水烧老了，泡茶不好喝。

自我实现　就在茶席

品水后，茶席的进行式看似模式化的演出登场，但茶人如何从唐、宋、元、明、清历代品茗文化精髓中，学习由整体形态与外观，进而进入摆设内部空间的思考，考虑壶及杯放置的位置，茶巾设计色系图案如何发散到茶席全体空间的联结。茶巾不当只是布，而是一幅挥洒茶席的画布，才能展现茶器个性与生机。而历史的茶席是所谓"概念性"透过茶席动作转化，将茶的美学概念鲜明表达，将个人意图与茶的生命巧妙地结合在一起。

茶席就是一"行动场域"，可铺陈茶器的摆置，茶人本身也跳入其中，通过茶器鉴赏和品水而打开味蕾序曲，呈现茶席意境。

茶客在赏器的同时要注意茶器的易损性，赏器时，应以身就物，换言之，不宜单手取器，或离席腾空赏器。

清泥炉上刻有"风景"两字

这是高度危险的动作，鉴赏时要将器放在席上。以茶叶罐而言，先将茶叶罐放在眼前，将茶罐放在手中，欣赏釉药、形制工艺，再放回茶席，并可针对茶罐的出处，有无命名，哪一处窑址或是断代、制法上拉坯与压模进行交流，这些都能在观赏器时带来横生趣味。双方的问答会使茶席产生震撼人心与情感的力量。

无声胜有声的好滋味

茶人泡茶，第一泡茶时是不语的，注水之际不说话正是专心泡茶的原点，在持续茶席之间，每次注水的轻、重、缓、急，都会产生不同但不可思议的茶汤滋味。而产生每一泡茶汤相容并蓄的存在，正是每一次茶生生流转。每一口入口滋味可以品尝到原本看不到的丰润。茶客在茶席进行一半时不应该告别，每一壶茶进行四到五泡可作"茶席的完成"。从持续的茶席活动行为中，此时的完成，只是品茗相结的开始而没有结束。

茶席的进行有人以"一期一会"的珍惜之语来表达，但由于茶席得以发展出的特殊文化交谈，茶器的壶杯，都有丰饶细腻的美感，创造出曼茶罗的场域，就形塑成一座茶的世外桃源，而这世外桃源的极致样貌，就靠茶人建构配置。

茶叶罐是凝聚茶滋味的源头

10章

[我的茶席]

随心所欲

工作时想摆上茶席，总以为受限时空、地点；然，成为现代茶人应随机掌握对茶席「经营位置」、「随类赋形」、「应物象形」的表现技巧，就可随心所欲。

茶器用件简繁

茶席如何构图

茶席的经营位置就是一种"布局",如中国书画中顾恺之(345～406,字长康,小字虎头,晋陵无锡〔今江苏无锡〕人)所言"置陈布势"。布置茶席如写文章,在内容结构上有纲领,一种章法,意指为表达主题而进行的茶席结构的探求。

易言之,即是一种构图,一种在有限范围内摆置出一个瞬间的视觉形象,特别是因工作忙里偷闲时,更应俱足如此体现。先经过构思确定茶器如何安排,茶人与茶器,茶客与茶器如何安排,这些必须假以"经营"。换言之,在工作时摆茶席,具体充分表现茶人如何在立意结构中深耕茶席所用器物的"经营位置"。

挥洒山水画的意境

布局对茶席十分重要,诚如以中国山水画来看一席茶席时,必须知晓中国山水画少有具体写生某处风光,而只是自然地求得意境的体现,是画家由四面八方观色取景的综合体,然却在布局时求取一种得当,茶席的茶器之体现未尝不是如此!

山水画中"丘壑"位置得当,山水才引人入胜。在茶席中若不能注意形式的美,让画面形式不和谐,就削弱了形式之美。茶席中壶是主、杯是副,若颠龙倒凤地摆置茶席,就削弱主题表现,而注意主题之壶则必须与茶托、茶船、渣方等相互呼应,对照对比来求

茶席的视觉形象

壶与杯主副的和鸣(上)
壶器的呼应对应关系(中)
茶席的呼应(下)

得主题表现。

若茶席中彰显的是壶,同时又要照顾整体茶席的统一和谐,并归纳出对应关系,唤醒在宾主呼应、虚实、藏露、简繁、疏密、参差的规律。在单纯的承载理念中,我以应用的茶席摆置存在作画的开辟延伸。画家华琳在《南宗抉秘》中说:"于通幅之空白处,尤当审慎。有势当宽阔者,窄狭之则气促而拘;有势当窄狭者,宽阔之则气懈而散。务使通体之空白毋迫促、毋散漫、毋过零星、毋过寂寥、毋重复排牙,则通体之空白,亦即通体之龙脉矣。"

留白与散点透视

他说画面空白分割适当,与画面形式感的审美和谐有着微妙关系,亦即茶席的用布颜色,底色和桌子的留白分割若不恰如其分将失去和谐,而适当留白正如观齐白石(1864～1957,名璜,号白石,湖南湘潭人)作品,其作

品留白正达到"空妙""灵空"之妙。那么茶席的空妙必须用"收敛众景,发之图素"来表现茶器构图,突破空间限制,以简易茶席抛弃不必要的东西,达到集中的表现。例如茶席放一素颜古布,只见一壶与一杯正是"收敛众景"之妙。

收敛众景正置入了"散点透视"的表现特殊效能,催生出茶席摆置的希望与力量。

中国山水画的制作,古人很早就指出不是用来《叙画》:"案城域、辨方州、标镇阜、划浸流",而是为了表现大自然的美、"造化"的美,使人们即使足不出户,也能"卧以游之"。《林泉高致》:"不下堂筵,坐穷泉壑。"为了使观者能够"卧以游之",就要求王维《山水诀》中说的"咫尺之图,写千百里之景,东西南北,宛尔目前"。

注水体会百川收纳

"散点透视"法在忙里偷闲亦在悠然自在情境下,让茶人、茶客能优游在茶

散点的收敛之功(左)
留白与散点透视(右)

席曼荼罗里建构"收敛"之功。建构茶席曼荼罗能令人"卧以游之",就如"写千百里之景,宛尔目前"。思考布局的轨迹在心中生根,在茶与器的各型各类选项中,授用"随类赋形"纤细感受茶器的物象。

宗炳(375 443,南朝宋画家,字少文,南阳涅阳〔今河南镇平〕人,家居江陵〔今属湖北〕)在《画山水序》中说"张绢素以远映,昆、阆之形,可围于方寸之内",因此在画面中只要"竖划三寸"就可"当千仞之高""横墨数尺体百里之遥",这如同借一把壶取千江水来,可体百川之纳,注水入壶时虽只是尺寸之跑,茶人却提水"当千仞之高"入壶,让茶水能释放出"体味"之味,亦能拿茶席"随类赋形",在随不同类的具体对象,像壶、杯因形制不同或用釉或烧结不同,而能像《周易》所说"各以其类",即按照不同形制茶器给予布局的表现,让壶承载着茶和水的隐秩序的揭露与表白。

随类赋形各以其类(左)
茶器的以形写形(右)

160　茶席·曼荼罗

"随类赋形"自在品茗

"随类赋形"对茶席具有关键意义。

随"类"之"类"有宽泛的解释。郭熙（1020~1109，北宋画家，字淳夫，河南温县人）在《林泉高致》所言："水色春绿、夏碧、秋青、冬黑。"其意涵深远动人，同为水"类"在时序更迭、春夏秋冬的光影交织让水色的"绿、碧、青、黑"阶段性持续地做抽象化的改变，茶人深知茶器陈置经营布局予以具体化形象，并体验这是创作，是具象形态迈向抽象的表达。

"随类赋形"有远起时空的精神向度，却是从形与色两方面去表现各种物之技巧。茶席的席布颜色用法可用心灵去体察，可以"以形写形""以色貌色"，在《宣和画谱》中说："精于芙蓉、茴香，兼为夹纻果实，随类博色，宛有生意也。"这是用色随类的表现，亦是从对

秋青冬黑时序更迭的水注

象的固有色出发。例如采用米色棉布,如何以色貌色,应用在茶席之间?茶人对色彩发生的复杂变化,考虑茶器的色度,这也借助器之固有色的明度的变化,在壶、杯、茶船、茶海各色相互的对比与映发,考虑到釉色、亮度的配合与茶席用布的交互作用。

淡中之味的浑化

中国画家用"浑化"之境来说明"秾纤得中,灵气惝恍的境地"。即使用色浅淡然却能"越浅越见浓度"。换言之,品茗之味不在浓香四溢外放,贵在淡中有味。品茗是味觉,却布满在口中,味蕾的对应是外人无法立见的,而用中国画中所说"墨中有色,色中有墨"更能显出淡中之味。

许多茶人为了表现茶汤的香气,采用闻香杯之器,然在釉色和品茗杯却是对立

布置疏密有序(上)
摆置的原则应物象形(右页)

色系，没有"以色貌色"，就无法领略画的色彩"不浮不滞"，"红绿火气"就如用了仿古窑瓷的"贼光"，结果是令人不舒服的炫目火气。如何让茶席沉敛安稳？

"浑化"鲜明呈现色调的质量感，并取得丰富的协调。如茶人泡一壶茶，由置茶量与壶器材质发茶性，到注水入壶的轻、慢、缓、急，以致浸泡时间长短所要求的茶汤不能"茶水分离"，而茶与水的密合交融正是画中之"浑化"境界。

繁忙之际，布局而成的茶席，以心境得"随类赋形"的茶器搭配，竟得浑化之味。然，在如何使茶席生动真实表现上，这种经由酝酿发酵的创造，实际在中国"存形莫善于画"，可见视觉形象反映的艺术表现技巧之异曲同工。

摆置因情境而变

壶的名家因制壶之名而闻达，杯也因烧制火焰窑口变换而赋予生命，茶席表现了各种茶器物象在空间所处的位置，并在空间位置上求得一种最好的配置，"应物象形"乃是继"随类赋形"，茶席表现的实际技巧，是从形、色、空间去表现茶席的真实境地——茶席曼荼罗。

"应物象形"说的是"象形"要"应物"，是客观随茶器来转移，表现在茶席上，技巧应服从于对象的要求，如山水画家萧贲言："含壶命索，动必依真。"茶器的"形"如何在茶席上表现，这要靠茶人摆置的技巧，就如同中国绘画中造型技巧的"骨法用事"是和"应物象形"紧密调和的。

谢赫(生卒年不详,南朝齐梁人,艺术理论家)论画说："风范气韵,绝妙参神,但取精灵遗其骨法。若拘以体物则未见精粹，若取之象外方厌膏腴。"可见"骨法"与"体物"是相互联系　　　　　　　　　　的。唐代张彦远(字爱宾,唐朝河东〔今山西永济〕人,　　　　　　　　　　官至大理卿)明确指出了"象物"、

"形似""骨气"（即骨法）、"用笔"四者的关联。他在《历代名画记》说："夫象物必在于形似，形似须全其骨气，骨气、形似，皆本于立意而归乎用笔……"这就是说要"象物"也就是谢赫所说的与"体物"，通过"用笔"而表现出对象的"骨法"，这就是"应物象形"的实际技巧。画家"应物象形"的能力取决于他在这一法上的修养。

布置茶席有什么技巧

茶人摆置茶席的能力如同画家"应物象形"的能力，取决于对茶器与美学的修养，也就是说要懂得"摆置"的装置造型技巧，是茶席呈现艺术的一个重要手段，一如作画对画面的构图，在面的起伏、转折、相交地方体察线的存在与对象的结构，质量感相联系的线的微妙变化，应用线取得造型效果。

中国画的理论实践用之于日本茶道，做了模式化的体现，在位置顺序的要求中变成了一种常轨：古典茶书《南方录》中有一张关于位置的示意图。它图示了榻榻米上的坐标。从此图可得知，茶人们将占榻榻米四分之一面积的点茶部分竖画五条虚线表示"阳线"，再竖画六条实线表示"阴线"，又配上五条横线，得到具有因阴阳性质的七十二小格。以此类推，一张标准榻榻米便可得出三百二十八小格。这就使茶道具的位置有了严谨的理论基础。例如，清水罐里盛有水属于阴性就要放在阳线上，茶罐里盛茶属于阳性要放在阴线上。有几个重点位置规则：（1）茶

茶器配件参差规律

茶席用色以色貌色

釜、茶刷、茶罐、清水罐的中心点要成一条直线。（2）茶刷、茶罐要分别放在由地炉角至清水罐间距的三等分的两点上。（3）水勺的柄端要与地炉缘内侧之延长线对齐。（4）小屏风的侧边延长线要通过污水罐的中线。（5）茶罐囊的中心点要与清水罐的中心点形成水平直线。位置表现了茶道礼法中的空间之法。

随心所欲的开始

将线的阴阳与茶器形象"应物象形"，促进茶席模式化的进程。在严谨细密的礼法外，扩大了参与学习的可能性，这种仪式礼法对中国茶的传承而言，看似机械束缚，会阻碍茶人的创作热情，但对于初学者而言，却成为茶席曼荼罗的入门阶梯了。

想要随心所欲，优游于茶席中表现，有了很好的构图，懂得"随类赋形""应物象形"的布置美感，在室内或室外都要进入泡茶的实务操作。而以壶为主的

浑化中见淡然有味（上）
置茶到注水出茶汤的程序全景（下）

从置茶到注水出茶汤的程序（右页）
A 温壶，由外而内
B 温杯，水要注满
C 置茶，铺底适宜
D 注水，温柔相待
E 出水，快慢相异
F 倒茶，浓淡均分

品茗，当受到壶器的材质、形制、烧结细部元素影响而引动茶香、味、韵的变化，这其间又加入了茶种的影响，用青茶或用绿茶，茶的焙火程度或是揉捻轻重，也构成茶汤释放的分别心，对于已知的手中一把壶或是周边的茶器，随时认知上述茶与器多边多元变动带来的趣味性，才知想随心所欲必从基础打底。

用一把壶的泡法，系现代人茶席中最常见的用器，当走入历史，上溯唐、宋精致品茗精神，或是华丽典雅，或是沉敛有味，以致元、明、清各朝代因制茶法而引出茶器的改动的品茗差异性，都不外讲求品茗时代来临的精神娱乐性。

因此，泡好茶才能将布置的茶席相知相惜，茶人与茶客在一杯茶的芬芳中才得无穷回味！茶席，曼荼罗，美的共感常驻你心。

掌握壶器藏露（上）
春绿夏碧光影交织的茶盏（下）

黑茶保存佳无霉味

Simplified Chinese Copyright © 2019 by SDX Joint Publishing Company.
All Rights Reserved.
本作品中文简体版权由生活·读书·新知三联书店所有。
未经许可，不得翻印。
艺术家出版社授权出版。

图书在版编目（CIP）数据

茶席：曼荼罗／池宗宪著．— 2 版．—北京：生活·读书·新知三联书店，2019.8
（茶叙艺术）
ISBN 978-7-108-06468-4

Ⅰ．①茶⋯　Ⅱ．①池⋯　Ⅲ．①茶文化–中国　Ⅳ．① TS971.21

中国版本图书馆 CIP 数据核字（2019）第 136856 号

责任编辑	赵庆丰　张　荷
装帧设计	蔡立国　刘　洋
责任印制	卢　岳
出版发行	生活·讀書·新知 三联书店
	（北京市东城区美术馆东街 22 号 100010）
网　　址	www.sdxjpc.com
图　　字	01-2019-3511
经　　销	新华书店
印　　刷	北京图文天地制版印刷有限公司
版　　次	2010 年 8 月北京第 1 版
	2019 年 8 月北京第 2 版
	2019 年 8 月北京第 5 次印刷
开　　本	720 毫米 × 1000 毫米　1/16　印张 11
字　　数	150 千字
印　　数	24,000–30,000 册
定　　价	49.00 元

（印装查询：01064002715；邮购查询：01084010542）